四川省工程建设标准体系
建筑工程施工部分
（2014 版）

Sichuan Sheng Gongcheng Jianshe Biaozhun Tixi
Jianzhu Gongcheng Shigong Bufen

中国华西企业股份有限公司　主编

西南交通大学出版社
·成 都·

图书在版编目（CIP）数据

四川省工程建设标准体系建筑工程施工部分：2014
版 / 中国华西企业股份有限公司主编. — 成都：西南
交通大学出版社，2014.8

ISBN 978-7-5643-3310-2

Ⅰ．①四… Ⅱ．①中… Ⅲ．①建筑工程－工程施工－
标准－四川省－2014 Ⅳ．①TU74-65

中国版本图书馆 CIP 数据核字（2014）第 191926 号

四川省工程建设标准体系
建筑工程施工部分
（2014 版）

中国华西企业股份有限公司　主编

责 任 编 辑	曾荣兵
助 理 编 辑	姜锡伟
封 面 设 计	墨创文化
出 版 发 行	西南交通大学出版社
	（四川省成都市金牛区交大路 146 号）
发行部电话	028-87600564　028-87600533
邮 政 编 码	610031
网　　　址	http://www.xnjdcbs.com
印　　　刷	成都蜀通印务有限责任公司
成 品 尺 寸	210 mm×285 mm
印　　　张	9
字　　　数	172 千字
版　　　次	2014 年 8 月第 1 版
印　　　次	2014 年 8 月第 1 次
书　　　号	ISBN 978-7-5643-3310-2
定　　　价	45.00 元

四川省住房和城乡建设厅
关于发布《四川省工程建设标准体系》的通知

川建标发〔2014〕377号

各市州住房城乡建设行政主管部门：

为确保科学、有序地推进我省工程建设标准化工作，制订符合我省实际需要的房屋建筑和市政基础设施建设标准，我厅组织科研院所、大专院校、设计、施工、行业协会等单位开展了《四川省工程建设标准体系》的编制工作。工程勘察测量与地基基础、建筑工程设计、建筑工程施工、建筑节能与绿色建筑、市政工程设计和市容环境卫生工程设计6个部分已编制完成，经广泛征求意见和组织专家审查，现予以发布。

四川省住房和城乡建设厅

2014年6月27日

四川省工程建设标准体系
建筑工程施工部分
编　委　会

编委会成员：殷时奎　　陈跃熙　　李彦春　　康景文　　王金雪

　　　　　　吴　体　张　欣　牟　斌　清　沉

主编单位：中国华西企业股份有限公司

参编单位：四川省第一建筑工程公司

　　　　　四川省第三建筑工程公司

　　　　　四川省第六建筑有限公司

　　　　　四川省建筑机械化工程公司

　　　　　成都建筑工程集团总公司

　　　　　中国五冶集团有限公司

　　　　　四川省建筑工程质量检测中心

　　　　　四川华西绿舍建材有限公司

　　　　　四川省建筑设计院勘察设计分院

　　　　　四川华西建筑装饰工程有限公司

前　言

工程建设标准是从事工程建设活动的重要技术依据和准则，对贯彻落实国家技术经济政策，促进工程技术进步，规范建设市场秩序，确保工程质量安全，保护生态环境，维护公众利益以及实现最佳社会效益、经济效益、环境效益，都具有非常重要的作用。工程建设标准体系各标准之间存在着客观的内在联系，它们相互依存、相互制约、相互补充和衔接，构成一个科学的有机整体，建立和完善工程建设标准体系可以使工程建设标准结构优化、数量合理、全面覆盖、减少重复和矛盾，达到最佳的标准化效果。

我省自开展工程建设标准化工作以来，在工程建设领域组织编写了大量的标准，较好地满足了工程建设活动的需要，在确保建设工程的质量和安全、促进我省工程建设领域的技术进步、保证公众利益、保护环境和资源等方面发挥了重要作用。随着我国经济不断发展，新技术、新材料、新工艺、新设备的大量涌现，迫切需要对工程建设标准进行不断补充和完善。面对新形势、新任务、新要求，为进一步加强我省工程建设标准化工作，需对现有的工程建设国家标准、行业标准和四川省工程建设地方标准进行梳理，制定今后一定时期四川省工程建设需要的地方标准，构建符合四川省省情的工程建设标准体系。为此，四川省住房和城乡建设厅组织开展了《四川省工程建设标准体系》的研究和编制工作，目前完成了房屋建筑和市政基础设施领域的工程勘察测量与建筑地基基础、建筑工程设计、建筑工程施工、建筑节能与绿色建筑、市政工程设计、市容环境卫生工程设计等六个部分的标准体系编制。

建筑工程施工部分标准体系是在科学总结以往实践经验的基础上，全面分析了建筑工程施工过程中施工质量与施工安全领域内的国内外技术、安全管理和标准发展现状及未来发展趋势，针对我省工程建设发展的实际需要编制的，是目前和今后一段时期内我省建筑工程施工领域制定、修订和管理工作的基本依据。同时，我们出版该部分标准体系也供相关人员学习参考。

本部分标准体系编制截止于 2014 年 5 月 31 日，共收录现行、在编工程建设国家标准、行业标准、四川省工程建设地方标准及待编四川省工程建设地方标准 734 个。欢迎社会各界对四川省工程建设现行地方标准提出修订意见和建议，积极参与在编或待编地方标准的制定工作。对本部分标准体系如有修改完善的意见和建议，请将有关资料和建议寄送四川省住房和城乡建设厅标准定额处（地址：成都市人民南路四段 36 号，邮政编码：610041，联系电话：028-85568204）。

目 录

第1章 编制说明

1.1 标准体系总体构成

建筑工程施工是一个大的系统，涉及施工组织管理的各个层次，牵涉到工程发包、工程监理、勘察设计、项目管理、企业管理、工程验收等诸多方面。为了尽可能地全面反映建筑工程施工过程涉及的有效因素，本部分标准体系按照基础标准、通用标准和专用标准三个层次，以施工质量和施工安全为主线对与建筑工程施工相关的国家、行业和四川省工程建设地方标准进行了归纳整理，从施工企业管理和标准使用便利的角度，以工程项目施工过程中所涉及的技术标准为主要目标，参考国家标准体系相关内容，并考虑到施工作业顺序和管理的需求，增列和完善了不同类型的工程标准范围，分立了建筑施工技术、建筑材料、建筑检测技术、建筑施工质量验收、建筑施工安全与环境卫生、建筑施工评价与管理、建筑施工档案管理、建筑模数协调等八个专项分类。

本部分标准体系包括了以下四个方面内容：

（1）综述；

（2）标准体系框架图；

（3）标准体系表；

（4）项目说明。

由于本部分标准体系是立足于施工技术和施工管理的角度收录的建筑工程施工相关标准，因此本标准体系中对收录的有效的或正在编写的国家、行业、地方标准，对其适用范围、主要内容及与相关标准之间的关系进行了适当阐述说明。同时，针对四川省实际情况推荐了拟编写的工程建设地方标准，说明了建议编写的原因或理由。

1.2 标准体系编码说明

工程建设标准体系中每项标准的编码具有唯一性，标准项目编码由部分号、专业号、层次号、门类号和顺序号组成，如图1所示。

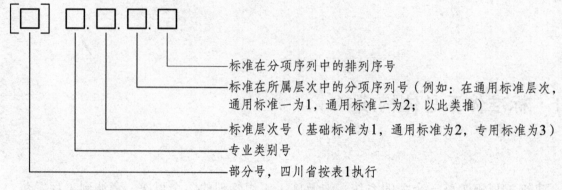

图 1 标准体系编码说明

表 1 四川省工程建设标准体系部分号

部分名称	部分号
工程勘察测量与地基基础	1
建筑工程设计	2
建筑工程施工	3
建筑节能与绿色建筑	4
市政工程设计	5
市容环境卫生工程设计	6

1.3 标准代号说明

序号	标准代号	说 明
一	国家标准	
1	GB、GB/T	国家标准
2	GBJ、GBJ/T	原国家基本建设委员会审批、发布的标准

序号	标准代号	说　明
3	GBZ	国家职业卫生标准
二	行业标准	
4	CJ、CJ/T、CJJ、CJJ/T	城镇建设行业标准
5	DL、DL/T	电力行业标准
6	HJ、HJ/T	环境保护行业标准
7	JC、JC/T、JCJ	建筑材料行业标准
8	JG、JG/T、JGJ、JGJ/T	建设工业行业标准
9	JTJ、JTJ/T、JTG	交通运输行业标准
10	MT/T	煤炭行业标准
11	NY/T	农业行业标准
12	SH/T、SY	石化、石油行业标准
13	YS、YSJ、YB、YB/T、YBJ	冶金行业标准
三	地方标准	
14	DB51、DB51/T、DBJ51、DBJ51/T	四川省工程建设地方标准

注：表中标准代号带分母"T"的均为推荐性标准。

1.4　标准数量汇总

分类名称	现行			在编			待编			分类小计
	国标	行标	地标	国标	行标	地标	国标	行标	地标	
建筑工程施工	274	342	64	3	8	26	—	—	17	734

第 2 章　标准体系

2.1　综　述

2.1.1　国内外建筑施工与施工安全技术发展状况

随着建筑技术的快速发展和新材料、新工艺及新设备的应用，国内外建筑技术水平越来越高，新材料和新建筑结构形式与结构体系不断出现，要求与之相适应的建筑施工技术也要不断完善；同时，城市建设规模的扩大、城市地下空间的大规模开发应用和城市功能的多样性日益增强也对建筑施工技术提出了更高的要求。国内外为解决上述问题，均十分重视建筑工程施工技术研究开发和"四新技术"的应用。

为了保证施工过程中对建筑工程施工质量和施工安全的有效管控，世界各地均对建筑工程质量验收及其相关配套问题比较重视。不同国家根据自身的实际情况，基本都建立了建筑工程质量验收或建筑工程质量评定相关标准，以期指导行业发展，规范建筑施工过程中的各个技术环节。如新加坡制定了《工程质量标定标准》，并根据该标准围绕建筑工程施工过程中的各个技术环节，对采用的材料、施工机具等制定了相应的检验标准和检测方法；对涉及工程施工过程中的重大技术环节，建立了相应的质量管理制度。

从建筑工程施工的实施过程来看，建筑工程施工是由多个工艺工序及众多建筑材料、构配件所组成的一个动态过程。从实践的角度来看，建筑工程施工现场的现场抽样检测既能及时反映工艺和构配件的实际质量状况能否达到设计要求的功能，又能及时反馈给施工作业人员，便于后续工序的改进或纠正，因此制定有关建筑工程现场抽样检测的标准是必要的。

在建筑工程的实施过程中，建筑材料是极其重要的内容。因为建筑材料是按照设计要求、经过一定工序后进入建筑体系中的，承担了建筑的结构、安全、使用功能等要求，因此建筑材料对建筑工程本身及对建筑施工过程的每个工序和工艺都十分重要。

目前，国外建筑材料技术总体发展趋势是低能耗、低污染、高性能、高强度，更加强调建筑材料的绿色环保特性，其品种也越来越多样。同时，为保护人类赖以生存的自然环境，节约有限的自然资源，建筑材料广泛以工业废料为原材料，变废为宝，生产出性能优良的新型建筑材料。这些新材料的出现推动了建筑工程施工工艺的更新和发展。如混凝土材料，由于高效减水剂的出现，使得大流动性混凝土在工程中的应用成为可能，从而推动了混凝土施工工艺的改革，出现了泵送混凝土的工业化生产和机械化施工的建筑施工新局面。

建筑工程施工过程中的项目管理与建筑工程质量有着直接的关系，自引进鲁布革项目法施工后，国内的建筑施工管理水平有了很大的提高。尤其是近年来，随着建筑法律、法规的不断完善，建筑工程施工现场管理科学化、规范化和系统化的程度有了很大提高。未来应该进一步加强施工现场的管理，提高管理的水平，制定完善的管理规范和检查、监督手段。

建筑工程的安全性能既包括建筑工程符合设计要求的安全性能，也应包括建筑工程在建造过程中作业人员的安全，特别是后者，更是施工过程中作业人员安全和健康的保障。我国的安全方针是：安全第一，预防为主，综合治理。在建筑施工安全方面，我国已参加《施工安全与卫生公约》等国际公约。《施工安全与卫生公约》适用于一切建筑活动，即建造、土木工程、安装与拆卸工作，包括了从工地准备工作到项目完成的建筑工地上的一切工序、作业和运输。其中以下内容均与我们有密切关系：工作场所安全，脚手架和梯子，起重机械和升降附属装置，运输、土方运输和材料搬运设备，固定装置、机械、设备和手用工具，高空（包括屋面）作业，挖方工程、竖井、土方工程、地下工程，构架和模板，拆除工程，照明，用电，炸药，对健康的危害和防火等。因此，我国建筑施工安全卫生法规、标准在与国际标准接轨的同时，应进一步针对我国国情制定相应标准。

2.1.2 国内建筑施工与施工安全技术标准状况

为了编写好适用于四川省的建筑工程施工专业标准体系，标准体系编写组做了大量的调研，各主、参编单位对目前国内施工技术的发展、质量安全管理现状，尤其是省内施工管理现状、标准执行和使用情况等进行了调研。在调研过程中，大家普遍感觉到，目前建筑施工企业在施工作业和管理过程中，都能遵循标准和设计文件等进行施工和管理。但是由于部分标准陈旧、落后，检验项目指标和所用的检测方法等都亟待更新，标准之间重复和相互矛盾（特别是跨行业的建筑工程），在使用规范时，出现了争议、验收标准不统一等现象，给施工企业的技术管控和企业质量、安全管理带来了一系列问题。同时，随着新材料、新工艺的应用，四川省没有相对应的标准规范，给"四新"技术的应用和验收带来了一定的问题。

2.1.2.1　建筑工程质量

我国自 20 世纪 60 年代开始制定《建筑安全工程检验评定标准》(试行)(GBJ 22—66)以来，经历了多次大的修订，特别是《建筑工程施工质量验收统一标准》(GB 50300—2001)和与之相配套的 14 本专业验收规范的制定，形成了基于"验评分离、强化验收、完善手段、过程控制"为指导思想的建筑工程施工质量验收规范体系，克服了建筑工程验收规范相互交叉和不一致的状况。

但是，随之带来了一个问题：由于建筑工程施工质量及验收规范中验收部分与建筑工程检验评定标准中检验部分合并为新的建筑工程施工质量验收规范体系，因此在现有建筑工程施工质量验收规范体系中的施工技术和操作工艺部分已经分离出去而没有单列，考虑到我国中小施工企业制定自己的企业施工技术标准有一定困难，因此尚应制定建筑工程施工技术和操作工艺的标准。

在建筑工程施工质量验收中，应该高度重视施工过程的质量控制及其所形成的质量控制资料的完整性。这些质量控制资料有施工过程的每道工序完成后的检验评定和交接检验，也有进场材料的检验、施工过程中的见证试验等。

另一方面，建筑工程施工质量的实体检验，涉及地基基础和结构安全以及主要功能的抽样检验，能较客观和科学地评价单体工程施工质量是否达到规范的要求。由于以前的验评标准着重于外观和定性检验，对抽样检验和定量检验的要求没有涉及，致使建筑工程现场抽样检验标准发展不快。随着建筑工程检验技术、方法和仪器研制的进展，这方面的技术标准逐步得到重视，已制定和正在制定相应的建筑工程质量现场抽样检测技术标准，比如《混凝土结构现场检测技术标准》等。

2.1.2.2　建筑施工安全

为促进安全生产，1956 年国务院制定了《建筑安装工程安全技术规程》。随后，建设行业开始陆续制定建筑施工安全技术标准，先后制定并颁布了《施工现场临时用电安全技术规范》《建筑施工安全检查评分标准》《建筑施工高处作业安全技术规范》《建筑施工扣件式钢管脚手架安全技术规范》《建筑机械使用安全技术规程》《建筑工程施工现场供电安全规范》等一系列安全技术规程，有力地促进了建筑施工安全的管理并对其提供了技术保证，使建筑施工安全体系初步形成。

2.1.3　建筑工程施工标准体系

2.1.3.1　建筑施工技术标准体系

建筑工程在建造过程中，其施工技术和操作工艺对各个施工工序施工质量的影响是决定性的，其技术总结在相关的建筑施工技术规程及验收规程、规范中得到了充分的体现。从国家标准体系及相关政策可知，由于国家形成了以强化验收为主的建筑工程施工质量验收标准体系，使得原有的建筑工程施工及验收规范均已废止。我省建筑施工企业还没有适合自身特点又能满足相关要求的施工工艺标准，部分企业也不具备编制施工工艺标准的能力。因此，根据四川省大部分施工企业的现状，为加强建筑工程施工质量的过程控制，从工序抓好施工质量的管理，我们参考国家标准体系，设立了建筑施工技术标准体系。考虑到近几年来，为促进建筑行业可持续发展，建设资源节约型、环境友好型社会，实施绿色施工已经成为建筑行业越来越普遍的需求，故将部分相关标准纳入了本标准体系。

2.1.3.2　建筑材料标准体系

考虑到建筑施工过程中建筑材料的多样性和标准的不一致性，根据四川省建筑施工的特点，结合国家有关行业规定，为满足建筑施工的需要，我们仅将建筑施工过程中基本的建筑材料标准纳入，并对其进行了必要的分类，将其术语、基本性能、基本试验和评定、原材料性能、试验方法、应用技术规程等分别纳入相应标准类别，以方便建筑施工材料的应用。

2.1.3.3　建筑检测技术标准体系

建筑工程检测牵涉到基础、结构整体性安全、重要构件安全、使用施工机具安全和主要使用功能的内容，是建筑工程施工质量的重要组成部分。国家标准体系中已总结了一些相应的标准，但如同国家标准体系所言，还没有形成较完善的标准体系。因此，在参考了国家标准体系的基础上，对涉及基础、结构整体性安全、重要构件安全、使用施工机具安全和主要使用功能的内容设立了标准体系，并借鉴了国家标准体系中的对地基基础、外墙外保温等涉及建筑功能的现场检测项目，提出了相应标准的编制意见。

2.1.3.4　建筑施工质量验收标准体系

《建筑工程施工质量验收统一标准》（GB 50300—2001）和14本配套的专业施工质量

验收标准，形成了建筑工程施工质量验收的标准体系，这些标准基本属于建筑工程质量验收的通用标准。因此，本标准体系的相关施工质量验收标准还应在国家、行业标准的基础上，根据四川地区的技术、环境特点和经济水平进一步完善。如专业施工性较强的居住建筑节能保温隔热工程等建议编写验收标准；又比如针对四川地区优质工程的评定情况，建议编写优质工程质量评定标准等。

2.1.3.5 建筑施工安全与卫生标准体系

建筑工程施工过程中的安全和施工环境（包括人员休息环境）是建筑工程建设过程中极为重要的组成部分，它涉及作业人员的人身安全和社会的和谐稳定，虽然施工安全和卫生不是建筑工程的主体，但它是建筑工程施工作业实施过程中的重要因素。因此，在建筑施工中应该也必须有保证作业人员安全、健康的安全技术。脱离施工技术，安全技术就是无本之源。综上所述，安全技术标准既规范"建筑施工过程"中的工作和行为，又依附于施工技术而产生。因此，建筑工程施工安全与卫生标准体系也就包括了从基坑开挖、基坑边坡支护，建筑物各分部、分项工程施工过程到与用电、机械和劳动防护与环境卫生等相对应的安全技术规范和环境卫生技术规范。

2.1.3.6 建筑施工评价与管理标准体系

建筑工程施工项目管理、建筑工程监理和建筑工程监督管理均与建筑工程施工质量控制、安全管理及规范建筑工程参与各方的行为有关，因此设立建筑施工评价与管理标准体系。

2.1.3.7 建筑施工档案管理标准体系

建筑工程施工过程中的资料管理、档案管理对于规范施工过程中的技术管理、施工质量和施工安全具有重要意义，也是施工质量过程管理、施工安全管理的重要基础。因此，考虑到四川省的实际情况，设立建筑施工档案管理标准体系。

2.1.3.8 建筑模数协调标准体系

建筑施工过程中，建筑模数是从设计开始的基础工作。其有利于促使建筑施工技术向工业化大规模生产方向发展，适应建筑施工集成化发展的需要，也是建筑设计、建筑施工、建筑材料与制品、建筑设备、建筑组合件等各部门进行尺度协调的基础。因此，根据四川省的实际情况设立建筑模数协调标准体系。

2.2 标准体系框图

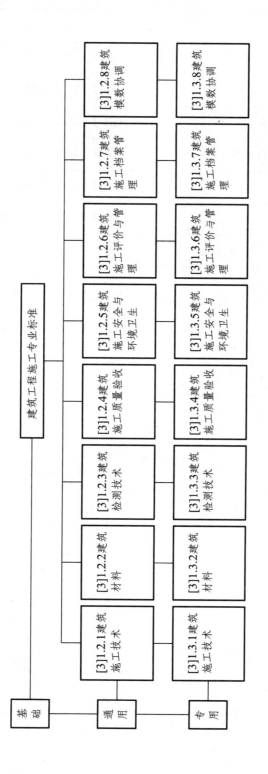

图 2 建筑工程施工部分标准体系框图

2.3 标准体系表

标准体系编码	规范名称	编号	出版情况			备注
			现行	在编	待编	
[3]1.1	**基础标准**					
[3]1.1.1	**术语标准**					
[3]1.1.1.1	建筑门窗术语	GB/T 5823-2008	√			
[3]1.1.1.2	建筑给水排水设备器材术语	GB/T 16662-2008	√			
[3]1.1.1.3	质量管理体系基础和术语	GB/T 19000-2008	√			
[3]1.1.1.4	环境管理 术语	GB/T 24050-2004	√			
[3]1.1.1.5	给水排水工程基本术语标准	GB/T 50125-2010	√			
[3]1.1.1.6	采暖通风与空气调节术语标准	GB 50155-92	√			
[3]1.1.1.7	工程测量基本术语标准	GB/T 50228-2011	√			
[3]1.1.1.8	岩土工程基本术语标准	GB/T 50279-98	√			
[3]1.1.1.9	建材工程术语标准	GB/T 50731-2011	√			
[3]1.1.1.10	白蚁防治工程基本术语标准	GB/T 50768-2012	√			
[3]1.1.1.11	城市轨道交通工程基本术语标准	GB/T 50833-2012	√			
[3]1.1.1.12	供热术语标准	CJJ/T 55-2011	√			
[3]1.1.1.13	园林基本术语标准	CJJ/T 91-2002	√			
[3]1.1.1.14	城市公共交通工程术语标准	CJJ/T 119-2008	√			
[3]1.1.1.15	建筑岩土工程勘察基本术语标准	JGJ 84-1992	√			
[3]1.1.1.16	工程抗震术语标准	JGJ/T 97-2011	√			
[3]1.1.1.17	建筑材料术语标准	JGJ/T 191-2009	√			
[3]1.1.2	**制图标准**					
[3]1.1.2.1	CAD 工程制图规则	GB/T 18229-2000	√			
[3]1.1.2.2	房屋建筑制图统一标准	GB/T 50001-2010	√			

标准体系编码	规范名称	编号	出版情况 现行	出版情况 在编	出版情况 待编	备注
[3]1.1.2.3	总图制图标准	GB/T 50103-2010	√			
[3]1.1.2.4	建筑制图标准	GB/T 50104-2010	√			
[3]1.1.2.5	建筑结构制图标准	GB/T 50105-2010	√			
[3]1.1.2.6	建筑给水排水制图标准	GB/T 50106-2010	√			
[3]1.1.2.7	暖通空调制图标准	GB/T 50114-2010	√			
[3]1.1.2.8	建筑电气制图标准	GB/T 50786-2012	√			
[3]1.1.2.9	供热工程制图标准	CJJ/T 78-2010	√			
[3]1.1.2.10	燃气工程制图标准	CJJ/T 130-2009	√			
[3]1.1.2.11	房屋建筑室内装饰装修制图标准	JGJ/T 244-2011	√			
[3]1.1.3	**分级、分类标准**					
[3]1.1.3.1	土的工程分类标准	GB/T 50145-2007	√			
[3]1.1.3.2	工程岩体分级标准	GB 50218-94	√			
[3]1.1.3.3	建设工程分类标准	GB/T 50841-2013	√			
[3]1.1.4	**编码、符号标准**					
[3]1.1.4.1	城市地理要素编码规则　城市道路、道路交叉口、街坊、市政工程管线	GB/T 14395-2009	√			
[3]1.1.4.2	环境管理体系原则、体系和支持技术通用指南	GB/T 24004-2004	√			
[3]1.1.4.3	环境卫生图形符号标准	CJJ/T 125-2008	√			
[3]1.1.4.4	城市地理编码技术规范	CJJ/T 186-2012	√			
[3]1.2	**通用标准**					
[3]1.2.1	**建筑施工技术通用标准**					
[3]1.2.1.1	低压电气装置　第7-704部分：特殊装置或场所的要求　施工和拆除场所的电气装置	GB 16895.7-2009	√			
[3]1.2.1.2	电气设备电源特性的标记　安全要求	GB 17285-2009	√			

标准体系编码	规范名称	编号	出版情况			备注
			现行	在编	待编	
[3]1.2.1.3	建筑幕墙	GB/T 21086-2007	√			
[3]1.2.1.4	湿陷性黄土地区建筑规范	GB 50025-2004	√			
[3]1.2.1.5	工程测量规范	GB 50026-2007	√			
[3]1.2.1.6	混凝土质量控制标准	GB 50164-2011	√			
[3]1.2.1.7	工程摄影测量规范	GB 50167-1992	√			
[3]1.2.1.8	建筑气候区划标准	GB 50178-93	√			
[3]1.2.1.9	地下铁道工程施工及验收规范	GB 50299-1999	√			
[3]1.2.1.10	建筑边坡工程技术规范	GB 50330-2013	√			
[3]1.2.1.11	屋面工程技术规范	GB 50345-2012	√			
[3]1.2.1.12	村庄整治技术规范	GB 50445-2008	√			
[3]1.2.1.13	微灌工程技术规范	GB/T 50485-2009	√			
[3]1.2.1.14	城市轨道交通技术规范	GB 50490-2009	√			
[3]1.2.1.15	城镇燃气技术规范	GB 50494-2009	√			
[3]1.2.1.16	智能建筑工程施工规范	GB 50606-2010	√			
[3]1.2.1.17	混凝土结构工程施工规范	GB 50666-2011	√			
[3]1.2.1.18	通风与空调工程施工规范	GB 50738-2011	√			
[3]1.2.1.19	工程施工废弃物再生利用技术规范	GB/T 50743-2012	√			
[3]1.2.1.20	钢结构工程施工规范	GB 50755-2012	√			
[3]1.2.1.21	木结构工程施工规范	GB/T 50772-2012	√			
[3]1.2.1.22	复合地基技术规范	GB/T 50783-2012	√			
[3]1.2.1.23	城市工程地球物理探测规范	CJJ 7-2007	√			
[3]1.2.1.24	城市测量规范	CJJ/T 8-2011	√			
[3]1.2.1.25	二次供水工程技术规程	CJJ 140-2010	√			
[3]1.2.1.26	混凝土泵送施工技术规程	JGJ/T 10-2011	√			

标准体系编码	规范名称	编号	出版情况			备注
			现行	在编	待编	
[3]1.2.1.27	建筑气象参数标准	JGJ 35-87	√			
[3]1.2.1.28	建筑地基处理技术规范	JGJ 79-2012	√			
[3]1.2.1.29	外墙外保温工程技术规程	JGJ 144-2004	√			
[3]1.2.1.30	抹灰砂浆技术规程	JGJ/T 220-2010	√			
[3]1.2.1.31	预制预应力混凝土装配整体式框架结构技术规程	JGJ 224-2010	√			
[3]1.2.1.32	外墙内保温工程技术规程	JGJ/T 261-2011	√			
[3]1.2.1.33	高强混凝土应用技术规程	JGJ/T 281-2012	√			
[3]1.2.1.34	建筑基坑工程技术规范	YB 9258-1997	√			
[3]1.2.1.35	岩土工程监测规范	YS 5229-1996	√			
[3]1.2.2	**建筑材料通用标准**					
[3]1.2.2.1	混凝土膨胀剂	GB 23439-2009	√			
[3]1.2.2.2	普通混凝土力学性能试验方法标准	GB/T 50081-2002	√			
[3]1.2.2.3	普通混凝土长期性能和耐久性能试验方法标准	GB/T 50082-2009	√			
[3]1.2.2.4	混凝土强度检验评定标准	GB/T 50107-2010	√			
[3]1.2.2.5	混凝土外加剂应用技术规范	GB 50119-2013	√			
[3]1.2.2.6	墙体材料应用统一技术规范	GB 50574-2010	√			
[3]1.2.2.7	早期推定混凝土强度试验方法标准	JGJ/T 15-2008	√			
[3]1.2.2.8	普通混凝土用砂、石质量及检验方法标准	JGJ 52-2006	√			
[3]1.2.2.9	普通混凝土配合比设计规程	JGJ 55-2011	√			
[3]1.2.2.10	混凝土用水标准	JGJ 63-2006	√			
[3]1.2.2.11	混凝土耐久性检验评定标准	JGJ/T 193-2009	√			
[3]1.2.3	**建筑检测技术通用标准**					
[3]1.2.3.1	普通混凝土拌合物性能试验方法标准	GB/T 50080-2002	√			

标准体系编码	规范名称	编号	出版情况			备注
			现行	在编	待编	
[3]1.2.3.2	混凝土结构试验方法标准	GB 50152-2012	√			
[3]1.2.3.3	民用建筑可靠性鉴定标准	GB 50292-1999	√			
[3]1.2.3.4	砌体工程现场检测技术标准	GB/T 50315-2011	√			
[3]1.2.3.5	木结构试验方法标准	GB/T 50329-2012	√			
[3]1.2.3.6	建筑结构检测技术标准	GB/T 50344-2004	√			
[3]1.2.3.7	房屋建筑和市政基础设施工程质量检测技术管理规范	GB 50618-2011	√			
[3]1.2.3.8	混凝土结构现场检测技术标准	GB 50784-2013	√			
[3]1.2.3.9	危险房屋鉴定标准	JGJ 125-99	√			
[3]1.2.3.10	居住建筑节能检测标准	JGJ/T 132-2009	√			
[3]1.2.3.11	房屋建筑与市政基础设施工程检测分类标准	JGJ/T 181-2009	√			
[3]1.2.3.12	建筑工程基桩检测技术规范			√		行标
[3]1.2.4	**建筑施工质量验收通用标准**					
[3]1.2.4.1	沥青路面施工及验收规范	GB 50092-96	√			
[3]1.2.4.2	土方与爆破工程施工及验收规范	GB 50201-2012	√			
[3]1.2.4.3	建筑地基基础工程施工质量验收规范	GB 50202-2002	√			
[3]1.2.4.4	砌体结构工程施工质量验收规范	GB 50203-2011	√			
[3]1.2.4.5	混凝土结构工程施工质量验收规范	GB 50204-2002	√			
[3]1.2.4.6	钢结构工程施工质量验收规范	GB 50205-2001	√			
[3]1.2.4.7	木结构工程施工质量验收规范	GB 50206-2012	√			
[3]1.2.4.8	屋面工程质量验收规范	GB 50207-2012	√			
[3]1.2.4.9	地下防水工程质量验收规范	GB 50208-2011	√			
[3]1.2.4.10	建筑地面工程施工质量验收规范	GB 50209-2010	√			
[3]1.2.4.11	建筑装饰装修工程质量验收规范	GB 50210-2001	√			

标准体系编码	规范名称	编号	出版情况			备注
			现行	在编	待编	
[3]1.2.4.12	通风与空调工程施工质量验收规范	GB 50243-2002	√			
[3]1.2.4.13	建筑工程施工质量验收统一标准	GB 50300-2013	√			
[3]1.2.4.14	建筑给水排水与采暖工程施工质量验收规范	GB 50302-2002	√			
[3]1.2.4.15	建筑电气工程施工质量验收规范	GB 50303-2002	√			
[3]1.2.4.16	电梯工程施工质量验收规范	GB 50310-2002	√			
[3]1.2.4.17	智能建筑工程质量验收规范	GB 50339-2013	√			
[3]1.2.4.18	城镇道路工程施工与质量验收规范	CJJ 1-2008	√			
[3]1.2.4.19	城市桥梁工程施工与质量验收规范	CJJ 2-2008	√			
[3]1.2.4.20	古建筑修建工程质量检验评定标准	CJJ 39-91	√			
[3]1.2.4.21	园林绿化工程施工及验收规范	CJJ 82-2012	√			
[3]1.2.4.22	城镇室内燃气工程施工及质量验收规范	CJJ 94-2009	√			
[3]1.2.4.23	古建筑修建工程施工与质量验收规范	JGJ 159-2008	√			
[3]1.2.4.24	岩土工程验收和质量评定标准	YB 9010-1998	√			
[3]1.2.4.25	冶金建筑工程施工质量验收规范	YB 4147-2006	√			
[3]1.2.5	**建筑施工安全与环境卫生通用标准**					
[3]1.2.5.1	工作场所职业病危害警示标识	GBZ 158-2003	√			
[3]1.2.5.2	建筑施工现场安全与卫生标志标准	GB 2893，GB 2894	√			
[3]1.2.5.3	高处作业分级	GB/T 3608-2008	√			
[3]1.2.5.4	环境管理体系要求及使用指南	GB/T 24001-2004	√			
[3]1.2.5.5	建设工程施工现场供用电安全规范	GB 50194-93	√			
[3]1.2.5.6	施工企业安全生产管理规范	GB 50656-2011	√			
[3]1.2.5.7	建筑施工安全技术统一规范	GB 50870-2013	√			
[3]1.2.5.8	建筑机械使用安全技术规程	JGJ 33-2012	√			
[3]1.2.5.9	建筑施工安全检查标准	JGJ 59-2011	√			

标准体系编码	规范名称	编号	出版情况			备注
			现行	在编	待编	
[3]1.2.5.10	建设工程施工现场环境与卫生标准	JGJ 146-2013	√			
[3]1.2.5.11	建筑施工作业劳动防护用品配备及使用标准	JGJ 184-2009	√			
[3]1.2.6	**建筑施工评价与管理通用标准**					
[3]1.2.6.1	质量管理体系要求	GB/T 19001-2008	√			
[3]1.2.6.2	质量管理体系业绩改进指南	GB/T 19004-2011	√			
[3]1.2.6.3	质量管理体系项目质量管理指南	GB/T 19016-2005	√			
[3]1.2.6.4	环境管理 环境表现评价指南	GB/T 24031-2001	√			
[3]1.2.6.5	职业健康安全管理体系	GB/T 28001-2011	√			
[3]1.2.6.6	职业健康安全管理体系指南	GB/T 28002-2011	√			
[3]1.2.6.7	建设工程监理规范	GB 50319-2013	√			
[3]1.2.6.8	建设工程项目管理规范	GB/T 50326-2006	√			
[3]1.2.6.9	建筑工程施工质量评价标准	GB/T 50375-2006	√			
[3]1.2.6.10	工程建设施工企业质量管理规范	GB/T 50430-2007	√			
[3]1.2.6.11	建筑施工组织设计规范	GB/T 50502-2009	√			
[3]1.2.6.12	建筑工程绿色施工评价标准	GB/T 50640-2010	√			
[3]1.2.6.13	节能建筑评价标准	GB/T 50668-2011	√			
[3]1.2.6.14	施工企业安全生产评价标准	JGJ/T 77-2010	√			
[3]1.2.6.15	施工企业工程建设技术标准化管理规范	JGJ/T 198-2010	√			
[3]1.2.7	**建筑施工档案管理通用标准**					
[3]1.2.7.1	城市建设档案著录规范	GB/T 50323-2001	√			
[3]1.2.7.2	建设工程文件归档整理规范	GB/T 50328-2001	√			
[3]1.2.7.3	建设电子文件与电子档案管理规范	CJJ/T 117-2007	√			
[3]1.2.7.4	城建档案业务管理规范	CJJ/T 158-2011	√			
[3]1.2.7.5	建筑工程资料管理规程	JGJ/T 185-2009	√			

标准体系编码	规范名称	编号	出版情况			备注
			现行	在编	待编	
[3]1.2.8	**建筑模数协调通用标准**					
[3]1.2.8.1	建筑模数协调统一标准	GBJ 2-86	√			
[3]1.3	**专用标准**					
[3]1.3.1	**建筑施工技术专用标准**					
[3]1.3.1.1	钢筋混凝土升板结构技术规范	GBJ 130-1990	√			
[3]1.3.1.2	焊缝坡口的基本形式和尺寸	GB/T 985.2-2008	√			
[3]1.3.1.3	房间空气调节器能效限定值及能效等级	GB 12021.3-2010	√			
[3]1.3.1.4	建筑施工场界环境噪声排放标准	GB 12523-2011	√			
[3]1.3.1.5	网络计划技术 第2部分：网络图画法的一般规定	GB/T 13400.2-2009	√			
[3]1.3.1.6	网络计划技术 第3部分：在项目管理中应用的一般程序	GB/T 13400.3-2009	√			
[3]1.3.1.7	预应力混凝土空心板	GB/T 14040-2007	√			
[3]1.3.1.8	叠合板用预应力混凝土底板	GB/T 16727-2007	√			
[3]1.3.1.9	预应力混凝土肋形屋面板	GB/T 16728-2007	√			
[3]1.3.1.10	全球定位系统（GPS）测量规范	GB/T 18314-2009	√			
[3]1.3.1.11	多联式空调（热泵）机组能效限定值及能源效率等级	GB 21454-2008	√			
[3]1.3.1.12	室内木质地板安装配套材料	GB/T 24599-2009	√			
[3]1.3.1.13	冷弯薄壁型钢结构技术规范	GB 50018-2002	√			
[3]1.3.1.14	锚杆喷射混凝土支护技术规范	GB 50086-2001	√			
[3]1.3.1.15	地下工程防水技术规范	GB 50108-2008	√			
[3]1.3.1.16	膨胀土地区建筑技术规范	GB 50112-2013	√			
[3]1.3.1.17	滑动模板工程技术规范	GB 50113-2005	√			
[3]1.3.1.18	土工试验方法标准	GB/T 50123-1999	√			
[3]1.3.1.19	汽车加油加气站设计与施工规范	GB 50156-2012	√			

标准体系编码	规范名称	编号	出版情况			备注
			现行	在编	待编	
[3]1.3.1.20	古建筑木结构维护与加固技术规范	GB 50165-92	√			
[3]1.3.1.21	蓄滞洪区建筑工程技术规范	GB 50181-1993	√			
[3]1.3.1.22	组合钢模板技术规范	GB 50214-2013	√			
[3]1.3.1.23	土工合成材料应用技术规范	GB 50290-1998	√			
[3]1.3.1.24	供水管井技术规范	GB 50296-99	√			
[3]1.3.1.25	城市轨道交通工程测量规范	GB 50308-2008	√			
[3]1.3.1.26	住宅装饰装修工程施工规范	GB 50327-2001	√			
[3]1.3.1.27	医院洁净手术部建筑技术规范	GB 50333-2013	√			
[3]1.3.1.28	混凝土电视塔结构技术规范	GB 50342-2003	√			
[3]1.3.1.29	建筑物电子信息系统防雷技术规范	GB 50343-2012	√			
[3]1.3.1.30	生物安全实验室建筑技术规范	GB 50346-2011	√			
[3]1.3.1.31	建筑给水聚丙烯管道工程技术规范	GB/T 50349-2005	√			
[3]1.3.1.32	木骨架组合墙体技术规范	GB/T 50361-2005	√			
[3]1.3.1.33	节水灌溉工程技术规范	GB/T 50363-2006	√			
[3]1.3.1.34	民用建筑太阳能热水系统应用技术规程	GB 50364-2005	√			
[3]1.3.1.35	地源热泵系统工程技术规程	GB 50366-2005	√			
[3]1.3.1.36	通信管道工程施工及验收规范	GB 50374-2006	√			
[3]1.3.1.37	冶金电气设备工程安装验收规范	GB 50397-2007	√			
[3]1.3.1.38	建筑与小区雨水利用工程技术规范	GB 50400-2006	√			
[3]1.3.1.39	硬泡聚氨酯保温防水工程技术规范	GB 50404-2007	√			
[3]1.3.1.40	预应力混凝土路面工程技术规范	GB 50422-2007	√			
[3]1.3.1.41	城市消防远程监控系统技术规范	GB 50440-2007	√			
[3]1.3.1.42	建筑灭火器配置验收及检查规范	GB 50444-2008	√			
[3]1.3.1.43	实验动物设施建筑技术规范	GB 50447-2008	√			

标准体系编码	规范名称	编号	出版情况			备注
			现行	在编	待编	
[3]1.3.1.44	电力系统继电保护及自动化设备柜（屏）工程技术规范	GB/T 50479-2011	√			
[3]1.3.1.45	太阳能供热采暖工程技术规范	GB 50495-2009	√			
[3]1.3.1.46	大体积混凝土施工规范	GB 50496-2009	√			
[3]1.3.1.47	建筑基坑工程监测技术规范	GB 50497-2009	√			
[3]1.3.1.48	公共广播系统工程技术规范	GB 50526-2010	√			
[3]1.3.1.49	城市轨道交通线网规划编制标准	GB/T 50546-2009	√			
[3]1.3.1.50	环氧树脂自流平地面工程技术规范	GB/T 50589-2010	√			
[3]1.3.1.51	乙烯基酯树脂防腐蚀工程技术规范	GB/T 50590-2010	√			
[3]1.3.1.52	雨水集蓄利用工程技术规范	GB/T 50596-2010	√			
[3]1.3.1.53	渠道防渗工程技术规范	GB/T 50600-2010	√			
[3]1.3.1.54	特种气体系统工程技术规范	GB 50646-2011	√			
[3]1.3.1.55	钢结构焊接规范	GB 50661-2011	√			
[3]1.3.1.56	预制组合立管技术规范	GB 50682-2011	√			
[3]1.3.1.57	食品工业洁净用房建筑技术规范	GB 50687-2011	√			
[3]1.3.1.58	坡屋面工程技术规范	GB 50693-2011	√			
[3]1.3.1.59	液压振动台基础技术规范	GB 50699-2011	√			
[3]1.3.1.60	胶合木结构技术规范	GB/T 50708-2012	√			
[3]1.3.1.61	电磁屏蔽室工程技术规范	GB/T 50719-2011	√			
[3]1.3.1.62	复合土钉墙基坑支护技术规范	GB 50739-2011	√			
[3]1.3.1.63	医用气体工程技术规范	GB 50751-2012	√			
[3]1.3.1.64	钢制储罐地基处理技术规范	GB/T 50756-2012	√			
[3]1.3.1.65	民用建筑太阳能空调工程技术规范	GB 50787-2012	√			
[3]1.3.1.66	城镇给水排水技术规范	GB 50788-2012	√			
[3]1.3.1.67	消声室和半消声室技术规范	GB 50800-2012	√			

标准体系编码	规范名称	编号	出版情况			备注
			现行	在编	待编	
[3]1.3.1.68	租赁模板脚手架维修保养技术规范	GB 50829−2013	√			
[3]1.3.1.69	城市综合管廊工程技术规范	GB 50838−2012	√			
[3]1.3.1.70	矿浆管线施工及验收规范	GB 50840−2012	√			
[3]1.3.1.71	建筑边坡工程鉴定与加固技术规范	GB 50843−2013	√			
[3]1.3.1.72	疾病预防控制中心建筑技术规范	GB 50881−2013	√			
[3]1.3.1.73	钢-混凝土组合结构施工规范	GB 50901−2013	√			
[3]1.3.1.74	建筑排水塑料管道工程技术规程	CJJ/T 29−2010	√			
[3]1.3.1.75	城镇道路养护技术规范	CJJ 36−2006	√			
[3]1.3.1.76	生活垃圾转运站技术规范	CJJ 47−2006	√			
[3]1.3.1.77	民用房屋修缮工程施工规程	CJJ/T 53−1993	√			
[3]1.3.1.78	城市地下管线探测技术规程	CJJ 61−2003	√			
[3]1.3.1.79	路面稀浆罩面技术规程	CJJ/T 66−2011	√			
[3]1.3.1.80	城市排水管渠与泵站维护技术规程	CJJ 68−2007	√			
[3]1.3.1.81	城市人行天桥与人行地道技术规范	CJJ 69−95	√			
[3]1.3.1.82	无轨电车供电线网工程施工及验收规范	CJJ 72−1997	√			
[3]1.3.1.83	卫星定位城市测量技术规范	CJJ/T 73−2010	√			
[3]1.3.1.84	城市地下水动态观测规程	CJJ 76−2012	√			
[3]1.3.1.85	城镇燃气埋地钢质管道腐蚀控制技术规程	CJJ 95−2013	√			
[3]1.3.1.86	建筑给水硬聚乙烯类管道工程技术规范	CJJ/T 98−2003	√			
[3]1.3.1.87	城市桥梁养护技术规范	CJJ 99−2003	√			
[3]1.3.1.88	城市基础地理信息系统技术规范	CJJ 100−2004	√			
[3]1.3.1.89	城镇供热直埋蒸汽管道技术规程	CJJ 104−2005	√			
[3]1.3.1.90	管道直饮水系统技术规程	CJJ 110−2006	√			
[3]1.3.1.91	预应力混凝土桥梁预制节段逐跨拼装施工技术规程	CJJ/T 111−2006	√			

标准体系编码	规范名称	编号	出版情况			备注
			现行	在编	待编	
[3]1.3.1.92	生活垃圾卫生填埋场封场技术规程	CJJ 112—2007	√			
[3]1.3.1.93	生活垃圾卫生填埋场防渗系统工程技术规范	CJJ 113—2007	√			
[3]1.3.1.94	城镇排水系统电气与自动化工程技术规程	CJJ 120—2008	√			
[3]1.3.1.95	游泳池给水排水工程技术规程	CJJ 122—2008	√			
[3]1.3.1.96	镇（乡）村给水工程技术规程	CJJ 123—2008	√			
[3]1.3.1.97	镇（乡）村排水工程技术规程	CJJ 124—2008	√			
[3]1.3.1.98	建筑排水金属管道工程技术规程	CJJ 127—2009	√			
[3]1.3.1.99	建筑垃圾处理技术规范	CJJ 134—2009	√			
[3]1.3.1.100	透水水泥混凝土路面技术规程	CJJ/T 135—2009	√			
[3]1.3.1.101	城镇地热供热工程技术规程	CJJ 138—2010	√			
[3]1.3.1.102	城市桥梁桥面防水工程技术规程	CJJ 139—2010	√			
[3]1.3.1.103	城镇燃气报警控制系统技术规程	CJJ/T 146—2011	√			
[3]1.3.1.104	城镇燃气管道非开挖修复更新工程技术规程	CJJ/T 147—2010	√			
[3]1.3.1.105	城市户外广告设施技术规范	CJJ 149—2010	√			
[3]1.3.1.106	城镇燃气标志标准	CJJ/T 153—2010	√			
[3]1.3.1.107	建筑给水金属管道工程技术规程	CJJ/T 154—2011	√			
[3]1.3.1.108	建筑给水复合管道工程技术规程	CJJ/T 155—2011	√			
[3]1.3.1.109	城镇供水管网漏水探测技术规程	CJJ 159—2011	√			
[3]1.3.1.110	公共浴场给水排水工程技术规程	CJJ 160—2011	√			
[3]1.3.1.111	污水处理卵形消化池工程技术规程	CJJ 161—2011	√			
[3]1.3.1.112	村庄污水处理设施技术规程	CJJ/T 163—2011	√			
[3]1.3.1.113	建筑排水复合管道工程技术规程	CJJ/T 165—2011	√			
[3]1.3.1.114	镇（乡）村绿地分类标准	CJJ/T 168—2011	√			

标准体系编码	规范名称	编号	出版情况			备注
			现行	在编	待编	
[3]1.3.1.115	生活垃圾卫生填埋场岩土工程技术规范	CJJ 176-2012	√			
[3]1.3.1.116	气泡混合轻质土填筑工程技术规程	CJJ/T 177-2012	√			
[3]1.3.1.117	生活垃圾收集站技术规程	CJJ 179-2012	√			
[3]1.3.1.118	城市轨道交通站台屏蔽门系统技术规范	CJJ 183-2012	√			
[3]1.3.1.119	城镇供热系统节能技术规范	CJJ/T 185-2012	√			
[3]1.3.1.120	建设电子档案元数据标准	CJJ/T 187-2012	√			
[3]1.3.1.121	透水砖路面技术规程	CJJ/T 188-2012	√			
[3]1.3.1.122	透水沥青路面技术规程	CJJ/T 190-2012	√			
[3]1.3.1.123	浮置板轨道技术规范	CJJ/T 191-2012	√			
[3]1.3.1.124	盾构可切削混凝土配筋技术规程	CJJ/T 192-2012	√			
[3]1.3.1.125	城镇排水管道非开挖修复更新工程技术规程	CJJ/T 210-2014	√			
[3]1.3.1.126	水工碾压混凝土施工技术规范	DL/T 5112-2009	√			
[3]1.3.1.127	人工湿地污水处理工程技术规范	HJ 2005-2010	√			
[3]1.3.1.128	门式钢管脚手架	JG 13-1999	√			
[3]1.3.1.129	门式刚架轻型房屋钢构件	JG 144-2002	√			
[3]1.3.1.130	现浇混凝土空心结构成孔芯模	JG/T 352-2012	√			
[3]1.3.1.131	预制混凝土构件钢模板	JG/T 3032-1995	√			
[3]1.3.1.132	装配式混凝土结构技术规程	JGJ 1-2014	√			
[3]1.3.1.133	高层建筑混凝土结构技术规程	JGJ 3-2010	√			
[3]1.3.1.134	高层建筑筏形与箱形基础技术规范	JGJ 6-2011	√			
[3]1.3.1.135	混凝土小型空心砌块建筑技术规程	JGJ/T 14-2011	√			
[3]1.3.1.136	蒸压加气混凝土建筑应用技术规程	JGJ/T 17-2008	√			
[3]1.3.1.137	冷拔低碳钢丝应用技术规程	JGJ 19-2010	√			
[3]1.3.1.138	V形折板屋盖设计与施工规程	JGJ/T 21-1993	√			

标准体系编码	规范名称	编号	出版情况			备注
			现行	在编	待编	
[3]1.3.1.139	建筑涂饰工程施工及验收规程	JGJ/T 29-2003	√			
[3]1.3.1.140	轻骨料混凝土技术规程	JGJ 51-2002	√			
[3]1.3.1.141	房屋渗漏修缮技术规程	JGJ/T 53-2011	√			
[3]1.3.1.142	PY型预钻式旁压试验规程	JGJ 69-1990	√			
[3]1.3.1.143	高层建筑岩土工程勘察规程	JGJ 72-2004	√			
[3]1.3.1.144	建筑工程大模板技术规程	JGJ 74-2003	√			
[3]1.3.1.145	钢结构高强度螺栓连接技术规程	JGJ 82-2011	√			
[3]1.3.1.146	软土地区岩土工程勘察规程	JGJ 83-2011	√			
[3]1.3.1.147	预应力筋用锚具、夹具和连接器应用技术规程	JGJ 85-2010	√			
[3]1.3.1.148	建筑工程地质勘探与取样技术规程	JGJ/T 87-2012	√			
[3]1.3.1.149	无粘结预应力混凝土结构技术规程	JGJ 92-2004	√			
[3]1.3.1.150	建筑桩基技术规范	JGJ 94-2008	√			
[3]1.3.1.151	冷轧带肋钢筋混凝土结构技术规程	JGJ 95-2011	√			
[3]1.3.1.152	砌筑砂浆配合比设计规程	JGJ/T 98-2010	√			
[3]1.3.1.153	高层民用建筑钢结构技术规程	JGJ 99-2012	√			
[3]1.3.1.154	玻璃幕墙工程技术规范	JGJ 102-2003	√			
[3]1.3.1.155	塑料门窗工程技术规程	JGJ 103-2008	√			
[3]1.3.1.156	建筑工程冬期施工规程	JGJ/T 104-2011	√			
[3]1.3.1.157	钢筋机械连接技术规程	JGJ 107-2010	√			
[3]1.3.1.158	建筑与市政降水工程技术规范	JGJ/T 111-1998	√			
[3]1.3.1.159	钢筋焊接网混凝土结构技术规程	JGJ 114-2014	√			
[3]1.3.1.160	冷轧扭钢筋混凝土构件技术规程	JGJ 115-2006	√			
[3]1.3.1.161	建筑抗震加固技术规程	JGJ 116-2009	√			
[3]1.3.1.162	建筑基坑支护技术规程	JGJ 120-2012	√			

标准体系编码	规范名称	编号	出版情况			备注
			现行	在编	待编	
[3]1.3.1.163	工程网络计划技术规程	JGJ/T 121-1999	√			
[3]1.3.1.164	既有建筑地基基础加固技术规范	JGJ 123-2012	√			
[3]1.3.1.165	外墙饰面砖工程施工及验收规程	JGJ 126-2000	√			
[3]1.3.1.166	既有居住建筑节能改造技术规程	JGJ/T 129-2012	√			
[3]1.3.1.167	金属与石材幕墙工程技术规范	JGJ 133-2001	√			
[3]1.3.1.168	型钢混凝土组合结构技术规程	JGJ 138-2001	√			
[3]1.3.1.169	通风管道技术规程	JGJ 141-2004	√			
[3]1.3.1.170	辐射供暖供冷技术规程	JGJ 142-2012	√			
[3]1.3.1.171	混凝土结构后锚固技术规程	JGJ 145-2013	√			
[3]1.3.1.172	混凝土异形柱结构技术规程	JGJ 149-2006	√			
[3]1.3.1.173	种植屋面工程技术规程	JGJ 155-2013	√			
[3]1.3.1.174	建筑轻质条板隔墙技术规程	JGJ/T 157-2008	√			
[3]1.3.1.175	蓄冷空调工程技术规程	JGJ 158-2008	√			
[3]1.3.1.176	镇（乡）村建筑抗震技术规程	JGJ 161-2008	√			
[3]1.3.1.177	地下建筑工程逆作法技术规程	JGJ 165-2010	√			
[3]1.3.1.178	建筑外墙清洗维护技术规程	JGJ 168-2009	√			
[3]1.3.1.179	清水混凝土应用技术规程	JGJ 169-2009	√			
[3]1.3.1.180	多联机空调系统工程技术规程	JGJ 174-2010	√			
[3]1.3.1.181	自流平地面工程技术规程	JGJ/T 175-2009	√			
[3]1.3.1.182	公共建筑节能改造技术规范	JGJ 176-2009	√			
[3]1.3.1.183	体育建筑智能化系统工程技术规程	JGJ/T 179-2009	√			
[3]1.3.1.184	逆作复合桩基技术规程	JGJ/T 186-2009	√			
[3]1.3.1.185	塔式起重机混凝土基础工程技术规程	JGJ/T 187-2009	√			
[3]1.3.1.186	液压爬升模板工程技术规程	JGJ 195-2010	√			

标准体系编码	规范名称	编号	出版情况			备注
			现行	在编	待编	
[3]1.3.1.187	混凝土预制拼装塔机基础技术规程	JGJ/T 197-2010	√			
[3]1.3.1.188	型钢水泥土搅拌墙技术规程	JGJ/T 199-2010	√			
[3]1.3.1.189	喷涂聚脲防水工程技术规程	JGJ/T 200-2010	√			
[3]1.3.1.190	石膏砌块砌体技术规程	JGJ/T 201-2010	√			
[3]1.3.1.191	装配箱混凝土空心楼盖结构技术规程	JGJ/T 207-2010	√			
[3]1.3.1.192	轻型钢结构住宅技术规程	JGJ 209-2010	√			
[3]1.3.1.193	刚-柔性桩复合地基技术规程	JGJ/T 210-2010	√			
[3]1.3.1.194	建筑工程水泥-水玻璃双液注浆技术规程	JGJ/T 211-2010	√			
[3]1.3.1.195	地下工程渗漏治理技术规程	JGJ/T 212-2010	√			
[3]1.3.1.196	现浇混凝土大直径管桩复合地基技术规程	JGJ/T 213-2010	√			
[3]1.3.1.197	铝合金门窗工程技术规范	JGJ 214-2010	√			
[3]1.3.1.198	铝合金结构工程施工规程	JGJ/T 216-2010	√			
[3]1.3.1.199	纤维石膏空心大板复合墙体结构技术规程	JGJ 217-2010	√			
[3]1.3.1.200	混凝土结构用钢筋间隔件应用技术规程	JGJ/T 219-2010	√			
[3]1.3.1.201	大直径扩底灌注桩技术规程	JGJ/T 225-2010	√			
[3]1.3.1.202	低张拉控制应力拉索技术规程	JGJ/T 226-2011	√			
[3]1.3.1.203	低层冷弯薄壁型钢房屋建筑技术规程	JGJ 227-2011	√			
[3]1.3.1.204	植物纤维工业灰渣混凝土砌块建筑技术规程	JGJ/T 228-2010	√			
[3]1.3.1.205	倒置式屋面工程技术规程	JGJ 230-2010	√			
[3]1.3.1.206	矿物绝缘电缆敷设技术规程	JGJ 232-2011	√			
[3]1.3.1.207	建筑外墙防水工程技术规程	JGJ/T 235-2011	√			
[3]1.3.1.208	建筑遮阳工程技术规范	JGJ 237-2011	√			
[3]1.3.1.209	混凝土基层喷浆处理技术规程	JGJ/T 238-2011	√			
[3]1.3.1.210	建（构）筑物移位工程技术规程	JGJ/T 239-2011	√			

标准体系编码	规范名称	编号	出版情况			备注
			现行	在编	待编	
[3]1.3.1.211	房屋白蚁预防技术规程	JGJ/T 245-2011	√			
[3]1.3.1.212	冰雪景观建筑技术规程	JGJ 247-2011	√			
[3]1.3.1.213	底部框架-抗震墙砌体房屋抗震技术规程	JGJ 248-2012	√			
[3]1.3.1.214	拱形钢结构技术规程	JGJ/T 249-2011	√			
[3]1.3.1.215	建筑钢结构防腐蚀技术规程	JGJ/T 251-2011	√			
[3]1.3.1.216	无机轻集料砂浆保温系统技术规程	JGJ 253-2011	√			
[3]1.3.1.217	钢筋锚固板应用技术规程	JGJ 256-2011	√			
[3]1.3.1.218	索结构技术规程	JGJ 257-2012	√			
[3]1.3.1.219	预制带肋底板混凝土叠合楼板技术规程	JGJ/T 258-2011	√			
[3]1.3.1.220	混凝土结构耐久性修复与防护技术规程	JGJ/T 259-2012	√			
[3]1.3.1.221	轻型木桁架结构技术规程	JGJ/T 265-2012	√			
[3]1.3.1.222	被动式太阳能建筑技术规范	JGJ/T 267-2012	√			
[3]1.3.1.223	现浇混凝土空心楼盖技术规程	JGJ/T 268-2012	√			
[3]1.3.1.224	轻型钢丝网架聚苯板混凝土构件应用技术规程	JGJ/T 269-2012	√			
[3]1.3.1.225	建筑物倾斜纠偏技术规程	JGJ 270-2012	√			
[3]1.3.1.226	钢丝网架混凝土复合板结构技术规程	JGJ/T 273-2012	√			
[3]1.3.1.227	装饰多孔砖夹心复合墙技术规程	JGJ/T 274-2012	√			
[3]1.3.1.228	建筑结构体外预应力加固技术规程	JGJ/T 279-2012	√			
[3]1.3.1.229	高压喷射扩大头锚杆技术规程	JGJ/T 282-2012	√			
[3]1.3.1.230	自密实混凝土应用技术规程	JGJ/T 283-2012	√			
[3]1.3.1.231	建筑外墙外保温防火隔离带技术规程	JGJ 289-2012	√			
[3]1.3.1.232	组合锤法地基处理技术规程	JGJ/T 290-2012	√			
[3]1.3.1.233	现浇塑性混凝土防渗芯墙施工技术规程	JGJ/T 291-2012	√			
[3]1.3.1.234	高抛免振捣混凝土应用技术规程	JGJ/T 296-2013	√			

标准体系编码	规范名称	编号	出版情况			备注
			现行	在编	待编	
[3]1.3.1.235	住宅室内防水工程技术规范	JGJ 298-2013	√			
[3]1.3.1.236	建筑施工临时支撑结构技术规范	JGJ/T 300-2013	√			
[3]1.3.1.237	公路沥青路面施工技术规范	JTG F40-2004	√			
[3]1.3.1.238	农村沼气"一池三改"技术规范	NY/T 1639-2008	√			
[3]1.3.1.239	石油化工钢储罐地基处理技术规范	SH/T 3083-1997	√			
[3]1.3.1.240	涂装前钢材表面处理规范	SY/T 0407-2012	√			
[3]1.3.1.241	岩土工程勘察成果检查、验收和质量评定标准	YB/T 9009-1998	√			
[3]1.3.1.242	钢结构、管道涂装工程技术规程	YB/T 9256-96	√			
[3]1.3.1.243	强夯地基技术规程	YBJ 25-92	√			
[3]1.3.1.244	软土地基深层搅拌技术规程	YBJ 225-91	√			
[3]1.3.1.245	喷射混凝土施工技术规程	YBJ 226-1991	√			
[3]1.3.1.246	钢管桩施工技术规程	YBJ 233-1991	√			
[3]1.3.1.247	振动挤密砂桩施工技术规程	YBJ 234-1991	√			
[3]1.3.1.248	预应力钢筋混凝土管桩施工技术规程	YBJ 235-1991	√			
[3]1.3.1.249	标准贯入试验规程	YS 5213-2000	√			
[3]1.3.1.250	注水试验规程	YS 5214-2000	√			
[3]1.3.1.251	压水试验规程	YS 5216-2000	√			
[3]1.3.1.252	岩土静力载荷试验规程	YS 5218-2000	√			
[3]1.3.1.253	圆锥动力触探试验规程	YS 5219-2000	√			
[3]1.3.1.254	十字板剪切试验规程	YS 5220-2000	√			
[3]1.3.1.255	现场直剪试验规程	YS 5221-2000	√			
[3]1.3.1.256	静力触探试验规程	YS 5223-2000	√			
[3]1.3.1.257	旁压试验规程	YS 5224-2000	√			
[3]1.3.1.258	注浆技术规程	YSJ 211-1992	√			

标准体系编码	规范名称	编号	出版情况			备注
			现行	在编	待编	
[3]1.3.1.259	土工试验规程	YSJ 225-1992	√			
[3]1.3.1.260	结构安装工程施工操作规程	YSJ 404-89	√			
[3]1.3.1.261	特种结构工程施工操作规程	YSJ 405-89	√			
[3]1.3.1.262	钢筋电渣压力焊技术规程	DBJ20-07-2013	√			
[3]1.3.1.263	烧结复合自保温砖和砌块墙体保温系统技术规程	DBJ51/T 001-2011	√			
[3]1.3.1.264	烧结自保温砖和砌块墙体保温系统技术规程	DBJ51/T 002-2011	√			
[3]1.3.1.265	灾区过渡安置点防火规范	DBJ51/T 003-2012	√			
[3]1.3.1.266	四川省住宅建筑通信配套光纤入户工程技术规范	DBJ51/T 004-2012	√			
[3]1.3.1.267	城市建筑二次供水工程技术规范	DBJ51/ 005-2012	√			
[3]1.3.1.268	四川省民用建筑节能工程施工工艺规程	DBJ51/T 010-2012	√			
[3]1.3.1.269	成都市地源热泵系统设计技术规程	DBJ51/ 012-2012	√			
[3]1.3.1.270	酚醛泡沫保温板外墙外保温系统技术规程	DBJ51/T 013-2012	√			
[3]1.3.1.271	四川省建筑地基基础检测技术规程	DBJ51/T 014-2013	√			
[3]1.3.1.272	四川省成品住宅装修工程技术标准	DBJ51/ 015-2013	√			
[3]1.3.1.273	四川省农村居住建筑抗震技术规程	DBJ51/ 016-2013	√			
[3]1.3.1.274	建筑反射隔热涂料应用技术规程	DBJ51/T 021-2013	√			
[3]1.3.1.275	冷轧带肋钢筋预应力混凝土构件设计与施工技术规程	DB51-5005-93	√			
[3]1.3.1.276	横向钢筋窄间隙焊接规程	DB51-5009-94	√			
[3]1.3.1.277	白蚁防治施工技术规程	DB51/T 5012-2013	√			
[3]1.3.1.278	四川省城市园林绿化技术操作规程	DB51/ 5016-98	√			
[3]1.3.1.279	燃气用衬塑（PE）、衬不锈钢铝合金管道工程技术规程	DB51/T 5034-2012	√			
[3]1.3.1.280	燃气管道环压连接技术规程	DB51/T 5035-2012	√			

标准体系编码	规范名称	编号	出版情况			备注
			现行	在编	待编	
[3]1.3.1.281	屋面工程施工工艺规程	DB51/T 5036-2007	√			
[3]1.3.1.282	防水工程施工工艺规程	DB51/T 5037-2007	√			
[3]1.3.1.283	地面工程施工工艺规程	DB51/T 5038-2007	√			
[3]1.3.1.284	砌体工程施工工艺规程	DB51/T 5039-2007	√			
[3]1.3.1.285	智能建筑工程施工工艺规程	DB51/T 5040-2007	√			
[3]1.3.1.286	室外排水用高密度聚乙烯检查井工程技术规程	DB51/T 5041-2007	√			
[3]1.3.1.287	复合保温石膏板内保温系统工程技术规程	DB51/T 5042-2007	√			
[3]1.3.1.288	建筑给水内筋嵌入式衬塑钢管管道工程技术规程	DB51/T 5043-2007	√			
[3]1.3.1.289	混凝土结构工程施工工艺规程	DB51/T 5046-2007	√			
[3]1.3.1.290	建筑电气工程施工工艺规程	DB51/T 5047-2007	√			
[3]1.3.1.291	地基与基础工程施工工艺规程	DB51/T 5048-2007	√			
[3]1.3.1.292	通风与空调工程施工工艺规程	DB51/T 5049-2007	√			
[3]1.3.1.293	钢结构工程施工工艺规程	DB51/T 5051-2007	√			
[3]1.3.1.294	建筑给水排水与采暖工程施工工艺规程	DB51/T 5052-2007	√			
[3]1.3.1.295	建筑装饰装修工程施工工艺规程	DB51/T 5053-2007	√			
[3]1.3.1.296	建筑给水薄壁不锈钢管管道工程技术规程	DB51/T 5054-2007	√			
[3]1.3.1.297	室外给水球墨铸铁管管道工程技术规程	DB51/T 5055-2008	√			
[3]1.3.1.298	室外给水钢丝网骨架塑料复合管管道工程技术规程	DB51/T 5056-2008	√			
[3]1.3.1.299	四川省抗震设防超限高层建筑工程界定标准	DB51/T 5058-2008	√			
[3]1.3.1.300	四川省建筑抗震鉴定与加固技术规程（试行）	DB51/T 5059-2008	√			
[3]1.3.1.301	预拌砂浆生产与应用技术规程	DB51/T 5060-2013	√			
[3]1.3.1.302	水泥基复合膨胀玻化微珠建筑保温系统技术规程	DB51/T 5061-2008	√			

标准体系编码	规范名称	编号	出版情况			备注
			现行	在编	待编	
[3]1.3.1.303	EPS 钢丝网架板现浇混凝土外墙外保温系统技术规程	DBJ51/T 5062-2013	√			
[3]1.3.1.304	回收金属面聚苯乙烯夹芯板建筑应用技术规程	DB51/T 5064-2009	√			
[3]1.3.1.305	居住建筑油烟气集中排放系统应用技术规程	DB51/T 5066-2009	√			
[3]1.3.1.306	四川省地源热泵系统工程技术实施细则	DB51/T 5067-2010	√			
[3]1.3.1.307	改性无机粉复合建筑饰面片材装饰工程技术规程（试行）	DB51/T 5069-2010	√			
[3]1.3.1.308	先张法预应力高强混凝土管桩基础技术规程	DB51/ 5070-2010	√			
[3]1.3.1.309	蒸压加气混凝土砌块墙体自保温工程技术规程	DB51/T 5071-2011	√			
[3]1.3.1.310	钢筋套筒灌浆连接应用技术规程			√		行标
[3]1.3.1.311	砌体结构加固技术规范			√		行标
[3]1.3.1.312	复合墙体施工技术规程			√		行标
[3]1.3.1.313	既有建筑幕墙可靠性鉴定与加固技术规程			√		行标
[3]1.3.1.314	轻板结构技术规程			√		行标
[3]1.3.1.315	装配式综合健身馆技术规程			√		行标
[3]1.3.1.316	城镇给水管道非开挖修复更新工程技术规程			√		行标
[3]1.3.1.317	四川省不透水土层地下室排水泄压抗浮技术规程			√		地标
[3]1.3.1.318	保温装饰复合板保温系统应用技术规程			√		地标
[3]1.3.1.319	四川省公共建筑节能改造技术规程			√		地标
[3]1.3.1.320	预应力混凝土结构设计与施工技术规程			√		地标
[3]1.3.1.321	建筑地下结构抗浮锚杆技术规程			√		地标
[3]1.3.1.322	农村节能建筑烧结自保温砖和砌块墙体保温系统技术规程			√		地标

标准体系编码	规范名称	编号	出版情况			备注
			现行	在编	待编	
[3]1.3.1.323	四川省建筑节能门窗应用技术规程			√		地标
[3]1.3.1.324	旋挖成孔灌注桩基技术规范			√		地标
[3]1.3.1.325	大直径素混凝土置换灌注桩复合地基技术规范			√		地标
[3]1.3.1.326	挤塑聚苯板外墙外保温及屋面保温工程技术规程			√		地标
[3]1.3.1.327	岩棉板建筑保温系统技术规程			√		地标
[3]1.3.1.328	四川省震后建筑安全性应急评估技术规程			√		地标
[3]1.3.1.329	民用建筑太阳能热水系统与建筑一体化应用技术规程			√		地标
[3]1.3.1.330	水泥发泡无机保温板应用技术规程			√		地标
[3]1.3.1.331	载体桩施工工艺规程			√		地标
[3]1.3.1.332	四川省既有建筑电梯增设及改造技术规程			√		地标
[3]1.3.1.333	非透明面板保温幕墙工程技术规程			√		地标
[3]1.3.1.334	建（构）筑物外立面清洗保养技术规程				√	地标
[3]1.3.1.335	轻集料混凝土空心隔墙板技术规程				√	地标
[3]1.3.1.336	合成材料跑道技术规程				√	地标
[3]1.3.1.337	高层建筑施工液压式保护屏技术规程				√	地标
[3]1.3.1.338	水泥基渗透结晶型防水材料施工技术规程				√	地标
[3]1.3.1.339	外墙外保温聚苯板增强网聚合物砂浆施工技术规程				√	地标
[3]1.3.1.340	外墙外保温保温装饰板做法施工技术规程				√	地标
[3]1.3.1.341	外墙外保温聚合物水泥聚苯保温板施工技术规程				√	地标
[3]1.3.1.342	优秀历史建筑修缮技术规程				√	地标
[3]1.3.2	**建筑材料专用标准**					
[3]1.3.2.1	粉煤灰混凝土应用技术规范	GBJ146-90	√			

标准体系编码	规范名称	编号	出版情况			备注
			现行	在编	待编	
[3]1.3.2.2	通用硅酸盐水泥	GB 175-2007/XG 1-2009	√			
[3]1.3.2.3	先张法预应力混凝土管桩	GB 13476-2009	√			
[3]1.3.2.4	高压开关设备和控制设备的抗震要求	GB/T 13540-2009	√			
[3]1.3.2.5	自粘聚合物改性沥青防水卷材	GB 23441-2009	√			
[3]1.3.2.6	混凝土道路伸缩缝用橡胶密封件	GB/T 23662-2009	√			
[3]1.3.2.7	防火封堵材料	GB 23864-2009	√			
[3]1.3.2.8	建筑窗用内平开下悬五金系统	GB/T 24601-2009	√			
[3]1.3.2.9	泡沫混凝土砌块用钢渣	GB/T 24763-2009	√			
[3]1.3.2.10	外墙外保温抹面砂浆和粘结砂浆用钢渣砂	GB/T 24764-2009	√			
[3]1.3.2.11	耐磨沥青路面用钢渣	GB/T 24765-2009	√			
[3]1.3.2.12	水泥基灌浆材料应用技术规范	GB/T 50448-2008	√			
[3]1.3.2.13	隔热耐磨衬里技术规范	GB 50474-2008	√			
[3]1.3.2.14	重晶石防辐射混凝土应用技术规范	GB/T 50557-2010	√			
[3]1.3.2.15	纤维增强复合材料建设工程应用技术规范	GB 50608-2010	√			
[3]1.3.2.16	工程结构加固材料安全性鉴定技术规范	GB 50728-2011	√			
[3]1.3.2.17	预防混凝土碱骨料反应技术规范	GB/T 50733-2011	√			
[3]1.3.2.18	滚轧直螺纹钢筋连接接头	JG 163-2004	√			
[3]1.3.2.19	镦粗直螺纹钢筋接头	JG 171-2005	√			
[3]1.3.2.20	冷拔低碳钢丝应用技术规程	JGJ 19-2010	√			
[3]1.3.2.21	建筑砂浆基本性能试验方法	JGJ 70-2009	√			
[3]1.3.2.22	钢框胶合板模板技术规程	JGJ 96-2011	√			
[3]1.3.2.23	建筑玻璃应用技术规程	JGJ 113-2009	√			
[3]1.3.2.24	建筑陶瓷薄板应用技术规程	JGJ/T 172-2012	√			

标准体系编码	规范名称	编号	出版情况			备注
			现行	在编	待编	
[3]1.3.2.25	补偿收缩混凝土应用技术规程	JGJ/T 178-2009	√			
[3]1.3.2.26	钢筋阻锈剂应用技术规程	JGJ/T 192-2009	√			
[3]1.3.2.27	纤维混凝土应用技术规程	JGJ/T 221-2010	√			
[3]1.3.2.28	预拌砂浆应用技术规程	JGJ/T 223-2010	√			
[3]1.3.2.29	再生骨料应用技术规程	JGJ/T 240-2011	√			
[3]1.3.2.30	人工砂混凝土应用技术规程	JGJ/T 241-2011	√			
[3]1.3.2.31	混凝土结构工程无机材料后锚固技术规程	JGJ/T 271-2012	√			
[3]1.3.2.32	淤泥多孔砖应用技术规程	JGJ/T 293-2013	√			
[3]1.3.2.33	混凝土结构防护用成膜型涂料	JG/T 335-2011	√			
[3]1.3.2.34	混凝土结构修复用聚合物水泥砂浆	JG/T 336-2011	√			
[3]1.3.2.35	混凝土结构防护用渗透型涂料	JG/T 337-2011	√			
[3]1.3.2.36	冲击法检测硬化砂浆抗压强度技术规程	YB 9248-92	√			
[3]1.3.2.37	再生骨料混凝土应用技术规程			√		地标
[3]1.3.3	**建筑检测技术专用标准**					
[3]1.3.3.1	工业构筑物抗震鉴定标准	GBJ 117-88	√			
[3]1.3.3.2	蒸压加气混凝土性能试验方法	GB/T 11969-2008	√			
[3]1.3.3.3	建筑施工场界噪声测量方法	GB 12523-2011	√			
[3]1.3.3.4	建筑幕墙抗震性能振动台试验方法	GB/T 18575-2001	√			
[3]1.3.3.5	建筑抗震鉴定标准	GB 50023-2009	√			
[3]1.3.3.6	砌体基本力学性能试验方法标准	GB/T 50129-2011	√			
[3]1.3.3.7	工业建筑可靠性鉴定标准	GB 50144-2008	√			
[3]1.3.3.8	砌体工程现场检测技术标准	GB/T 50315-2011	√			
[3]1.3.3.9	建筑结构检测技术标准	GB/T 50344-2004	√			
[3]1.3.3.10	钢结构现场检测技术标准	GB/T 50621-2010	√			

标准体系编码	规范名称	编号	出版情况			备注
			现行	在编	待编	
[3]1.3.3.11	盾构隧道管片质量检测技术标准	CJJ/T 164-2011	√			
[3]1.3.3.12	城镇排水管道检测与评估技术规程	CJJ 181-2012	√			
[3]1.3.3.13	建筑变形测量规范	JGJ 8-2007	√			
[3]1.3.3.14	回弹法检测混凝土抗压强度技术规程	JGJ/T 23-2011	√			
[3]1.3.3.15	钢筋焊接接头试验方法标准	JGJ/T 27-2001	√			
[3]1.3.3.16	建筑抗震试验方法规程	JGJ 101-96	√			
[3]1.3.3.17	建筑基桩检测技术规范	JGJ 106-2003	√			
[3]1.3.3.18	建筑工程饰面砖粘结强度检验标准	JGJ 110-2008	√			
[3]1.3.3.19	贯入法检测砌筑砂浆抗压强度技术规程	JGJ/T 136-2001	√			
[3]1.3.3.20	建筑门窗玻璃幕墙热工计算规程	JGJ/T 151-2008	√			
[3]1.3.3.21	混凝土中钢筋检测技术规程	JGJ/T 152-2008	√			
[3]1.3.3.22	锚杆锚固质量无损检测技术规程	JGJ/T 182-2009	√			
[3]1.3.3.23	建筑工程检测试验技术管理规范	JGJ 190-2010	√			
[3]1.3.3.24	钢结构超声波探伤及质量分级法	JG/T 203-2007	√			
[3]1.3.3.25	建筑门窗工程检测技术规程	JGJ/T 205-2010	√			
[3]1.3.3.26	后锚固法检测混凝土抗压强度技术规程	JGJ/T 208-2010	√			
[3]1.3.3.27	建筑外窗气密、水密、抗风压性能现场检验方法	JG/T 211-2007	√			
[3]1.3.3.28	择压法检测砌筑砂浆抗压强度技术规程	JGJ/T 234-2011	√			
[3]1.3.3.29	采暖通风与空气调节工程检测技术规程	JGJ/T 260-2011	√			
[3]1.3.3.30	红外热像法检测建筑外墙饰面粘结质量技术规程	JGJ/T 277-2012	√			
[3]1.3.3.31	建筑防水工程现场检测技术规范	JGJ/T 299-2013	√			
[3]1.3.3.32	高强混凝土强度检测技术规程	JGJ/T 294-2013	√			
[3]1.3.3.33	建筑工程施工过程结构分析与检测技术规范	JGJ/T 302-2013	√			

标准体系编码	规范名称	编号	出版情况			备注
			现行	在编	待编	
[3]1.3.3.34	动力机器基础地基动力特性测试规程	YS 5222-2000	√			
[3]1.3.3.35	回弹法评定砖砌体中砌筑砂浆抗压强度技术规程	DBJ 20-6-90	√			
[3]1.3.3.36	回弹法评定砌体中烧结普通砖强度等级（标号）技术规程	DBJ 20-8-90	√			
[3]1.3.3.37	回弹法检测高强混凝土抗压强度技术规程	DBJ51/T 018-2009	√			
[3]1.3.3.38	在用建筑塔式起重机安全性鉴定标准	DBJ51/T 5063-2009	√			
[3]1.3.3.39	农村危险房屋鉴定标准			√		国标
[3]1.3.3.40	桩承载力自平衡法测试技术规程			√		地标
[3]1.3.3.41	建筑结构加固效果评定标准			√		地标
[3]1.3.4	**建筑施工质量验收专用标准**					
[3]1.3.4.1	水泥混凝土路面施工及验收规范	GBJ 97-87	√			
[3]1.3.4.2	电梯安装验收规程	GB 10060-2011	√			
[3]1.3.4.3	烟囱工程施工及验收规范	GB 50078-2008	√			
[3]1.3.4.4	自动化仪表工程施工及质量验收规范	GB 50093-2013	√			
[3]1.3.4.5	人民防空工程施工及验收规范	GB 50134-2004	√			
[3]1.3.4.6	给水排水构筑物工程施工及验收规范	GB 50141-2008	√			
[3]1.3.4.7	电气安装高压电器施工与验收规范	GB 50147-2010	√			
[3]1.3.4.8	电气装置安装工程 电力变压器、油浸电抗器、互感器施工及验收规范	GB 50148-2010	√			
[3]1.3.4.9	电气装置安装工程 母线装置施工及验收规范	GB 50149-2010	√			
[3]1.3.4.10	电气装置安装工程电气设备交接试验标准	GB 50150-2006	√			
[3]1.3.4.11	火灾自动报警系统施工及验收规范	GB 50166-2007	√			
[3]1.3.4.12	电气装置安装工程电缆线路施工及验收规范	GB 50168-2006	√			
[3]1.3.4.13	电气装置安装工程接地装置施工及验收规范	GB 50169-2006	√			

标准体系编码	规范名称	编号	出版情况			备注
			现行	在编	待编	
[3]1.3.4.14	电气装置安装工程旋转电机施工及验收规范	GB 50170-2006	√			
[3]1.3.4.15	电气装置安装工程盘、柜及二次回路接线施工及验收规范	GB 50171-2012	√			
[3]1.3.4.16	电气装置安装工程蓄电池施工及验收规范	GB 50172-2012	√			
[3]1.3.4.17	砌体结构工程施工质量验收规范	GB 50203-2011	√			
[3]1.3.4.18	地下防水工程施工质量验收规范	GB 50208-2011	√			
[3]1.3.4.19	建筑防腐蚀工程施工及验收规范	GB 50212-2002	√			
[3]1.3.4.20	建筑防腐蚀工程施工质量验收规范	GB 50224-2010	√			
[3]1.3.4.21	机械设备安装工程施工及验收通用规范	GB 50231-2009	√			
[3]1.3.4.22	建筑给水排水及采暖工程施工质量验收规范	GB 50242-2002	√			
[3]1.3.4.23	电气装置安装工程低压电器施工及验收规范	GB 50254-96	√			
[3]1.3.4.24	电气装置安装工程电力变流设备施工及验收规范	GB 50255-96	√			
[3]1.3.4.25	电气装置安装工程起重机电气装置施工及验收规范	GB 50256-96	√			
[3]1.3.4.26	电气装置安装工程爆炸和火灾危险环境电气装置施工及验收规范	GB 50257-96	√			
[3]1.3.4.27	自动喷水灭火系统施工及验收规范	GB 50261-2005	√			
[3]1.3.4.28	气体灭火系统施工及验收规范	GB 50263-2007	√			
[3]1.3.4.29	给水排水管道工程施工及验收规范	GB 50268-2008	√			
[3]1.3.4.30	压缩机、风机、泵安装工程施工及验收规范	GB 50275-2010	√			
[3]1.3.4.31	泡沫灭火系统施工及验收规范	GB 50281-2006	√			
[3]1.3.4.32	综合布线系统工程验收规范	GB 50312-2007	√			
[3]1.3.4.33	城市污水处理厂工程质量验收规范	GB 50334-2002	√			
[3]1.3.4.34	建筑内部装修防火施工及验收规范	GB 50354-2005	√			

标准体系 编码	规范名称	编号	出版情况			备注
			现行	在编	待编	
[3]1.3.4.35	城市轨道交通自动售票检票系统工程质量 验收规范	GB 50381-2010	√			
[3]1.3.4.36	城市轨道交通通信工程质量验收规范	GB 50382-2006	√			
[3]1.3.4.37	建筑节能工程施工质量验收规范	GB 50411-2007	√			
[3]1.3.4.38	盾构法隧道施工与验收规范	GB 50446-2008	√			
[3]1.3.4.39	电子信息系统机房施工及验收规范	GB 50462-2008	√			
[3]1.3.4.40	固定消防炮灭火系统施工与验收规范	GB 50498-2009	√			
[3]1.3.4.41	建筑结构加固工程施工质量验收规范	GB 50550-2010	√			
[3]1.3.4.42	双曲线冷却塔施工与质量验收规范	GB 50573-2010	√			
[3]1.3.4.43	铝合金结构工程施工质量验收规范	GB 50576-2010	√			
[3]1.3.4.44	城市轨道交通信号工程施工质量验收规范	GB 50578-2010	√			
[3]1.3.4.45	铝母线焊接工程施工及验收规范	GB 50586-2010	√			
[3]1.3.4.46	洁净室施工及验收规范	GB 50591-2010	√			
[3]1.3.4.47	建筑物防雷工程施工与质量验收规范	GB 50601-2010	√			
[3]1.3.4.48	跨座式单轨交通施工及验收规范	GB 50614-2010	√			
[3]1.3.4.49	建筑电气照明装置施工与验收规范	GB 50617-2010	√			
[3]1.3.4.50	住宅区和住宅建筑内通信设施工程 验收规范	GB 50624-2010	√			
[3]1.3.4.51	钢管混凝土工程施工质量验收规范	GB 50628-2010	√			
[3]1.3.4.52	无障碍设施施工验收及维护规范	GB 50642-2011	√			
[3]1.3.4.53	城市轨道交通地下工程建设风险管理规范	GB 50652-2011	√			
[3]1.3.4.54	钢筋混凝土筒仓施工与质量验收规范	GB 50669-2011	√			
[3]1.3.4.55	传染病医院建筑施工及验收规范	GB 50686-2011	√			
[3]1.3.4.56	城市轨道交通综合监控系统工程施工与 质量验收规范	GB/T 50732-2011	√			
[3]1.3.4.57	会议电视会场系统工程施工及验收规范	GB 50793-2012	√			

标准体系编码	规范名称	编号	出版情况			备注
			现行	在编	待编	
[3]1.3.4.58	家用燃气燃烧器具安装及验收规程	CJJ 12-2013	√			
[3]1.3.4.59	城镇供热管网工程施工及验收规范	CJJ 28-2004	√			
[3]1.3.4.60	城镇燃气输配工程施工及验收规范	CJJ 33-2005	√			
[3]1.3.4.61	古建筑修建工程质量检验评定标准（北方地区）	CJJ 39-91	√			
[3]1.3.4.62	热拌再生沥青混合料路面施工及验收规程	CJJ 43-91	√			
[3]1.3.4.63	古建筑修建工程质量检验评定标准（南方地区）	CJJ 70-96	√			
[3]1.3.4.64	城镇地道桥顶进施工及验收规程	CJJ 74-99	√			
[3]1.3.4.65	城镇直埋供热管道工程技术规程	CJJ/T 81-98	√			
[3]1.3.4.66	城市绿化工程施工及验收规范	CJJ/T 82-2012	√			
[3]1.3.4.67	城市道路照明工程施工及验收规程	CJJ 89-2012	√			
[3]1.3.4.68	城镇燃气室内工程施工与质量验收规范	CJJ 94-2009	√			
[3]1.3.4.69	钢桁架质量标准	JG 8-1999	√			
[3]1.3.4.70	钢桁架检验及验收标准	JG 9-1999	√			
[3]1.3.4.71	空间网格结构技术规程	JGJ 7-2010	√			
[3]1.3.4.72	钢筋焊接及验收规程	JGJ 18-2012	√			
[3]1.3.4.73	建筑涂饰工程施工及验收规程	JGJ/T 29-2003	√			
[3]1.3.4.74	塑料门窗工程技术规程	JGJ 103-2008	√			
[3]1.3.4.75	机械喷涂抹灰施工及验收规程	JGJ/T 105-2011	√			
[3]1.3.4.76	玻璃幕墙工程质量检验标准	JGJ/T 139-2001	√			
[3]1.3.4.77	古建筑修建工程施工及验收规范	JGJ 159-2008	√			
[3]1.3.4.78	锚喷支护工程质量检测规程	MT/T 5015-96	√			
[3]1.3.4.79	带肋钢筋挤压连接技术及验收规程	YB 9250-93	√			
[3]1.3.4.80	钢结构检测评定及加固技术规范	YB 9257-96	√			

标准体系编码	规范名称	编号	出版情况			备注
			现行	在编	待编	
[3]1.3.4.81	成都市地源热泵系统施工质量验收规程	DBJ51/ 006-2012	√			
[3]1.3.4.82	建筑工业化混凝土预制构件制作、安装及质量验收规程	DBJ51/T 008-2012	√			
[3]1.3.4.83	振动（冲击）沉管灌注桩施工及验收规程	DB51/ 93-2013	√			
[3]1.3.4.84	住宅供水"一户一表"设计、施工及验收技术规程	DB51/T 5032-2005	√			
[3]1.3.4.85	建筑节能工程施工质量验收规程	DB51/ 5033-2014	√			
[3]1.3.4.86	CL结构工程施工质量验收规程	DB51/T 5045-2007	√			
[3]1.3.4.87	高耸结构施工质量验收规范			√		国标
[3]1.3.4.88	村镇住宅结构施工及验收规范			√		国标
[3]1.3.4.89	建筑工程绿色施工评价与验收规程			√		地标
[3]1.3.4.90	园区市政工程设计、施工工艺和验收规程			√		地标
[3]1.3.4.91	建筑边坡工程施工质量验收规范			√		地标
[3]1.3.4.92	优质工程质量评定标准				√	地标
[3]1.3.4.93	古建筑修理工程质量检验评定标准				√	地标
[3]1.3.4.94	桩基础设计与施工验收规范				√	地标
[3]1.3.5	**建筑施工安全与环境卫生专用标准**					
[3]1.3.5.1	安全帽	GB 2811-2007	√			
[3]1.3.5.2	手持式电动工具的管理、使用、检查和维修安全技术规程	GB/T 3787-2006	√			
[3]1.3.5.3	安全网	GB 5752-2009	√			
[3]1.3.5.4	起重机 钢丝绳 保养、维护、安装、检验和报废	GB/T 5972-2009	√			
[3]1.3.5.5	起重机械安全规程	GB/T 6067-2010	√			
[3]1.3.5.6	安全带	GB 6095-2009	√			

标准体系编码	规范名称	编号	出版情况			备注
			现行	在编	待编	
[3]1.3.5.7	电梯制造与安装安全规程	GB 7588-2003	√			
[3]1.3.5.8	高处作业吊篮	GB 19155-2003	√			
[3]1.3.5.9	吊笼有垂直导向的人货两用施工升降机	GB 26557-2011	√			
[3]1.3.5.10	起重设备安装工程施工及验收规范	GB 50278-2010	√			
[3]1.3.5.11	岩土工程勘察安全规范	GB 50585-2010	√			
[3]1.3.5.12	建设工程施工现场消防安全技术规范	GB 50720-2011	√			
[3]1.3.5.13	建筑工程绿色施工规范	GB/T 50905-2014	√			
[3]1.3.5.14	城镇排水管道维护安全技术规程	CJJ 6-2009	√			
[3]1.3.5.15	环境卫生设施设置标准	CJJ 27-2012	√			
[3]1.3.5.16	城镇燃气设施运行、维护和抢修安全技术规程	CJJ 51-2006	√			
[3]1.3.5.17	城镇供水厂运行、维护及安全技术规程	CJJ 58-2009	√			
[3]1.3.5.18	建筑机械使用安全技术规程	JGJ 33-2012	√			
[3]1.3.5.19	施工现场临时用电安全技术规范	JGJ 46-2005	√			
[3]1.3.5.20	液压滑动模板施工安全技术规程	JGJ 65-2013	√			
[3]1.3.5.21	建筑施工高处作业安全技术规范	JGJ 80-91	√			
[3]1.3.5.22	龙门架及井架物料提升机安全技术规范	JGJ 88-2010	√			
[3]1.3.5.23	建筑施工门式钢管脚手架安全技术规范	JGJ 128-2010	√			
[3]1.3.5.24	建筑施工扣件式钢管脚手架安全技术规程	JGJ 130-2011	√			
[3]1.3.5.25	建筑拆除工程安全技术规范	JGJ 147-2004	√			
[3]1.3.5.26	施工现场机械设备检查技术规程	JGJ 160-2008	√			
[3]1.3.5.27	建筑施工模板安全技术规范	JGJ 162-2008	√			
[3]1.3.5.28	建筑施工木脚手架安全技术规范	JGJ 164-2008	√			
[3]1.3.5.29	建筑施工碗扣式钢管脚手架安全技术规范	JGJ 166-2008	√			

标准体系 编码	规范名称	编号	出版情况			备注
			现行	在编	待编	
[3]1.3.5.30	湿陷性黄土地区建筑基坑工程安全技术规程	JGJ 167-2009	√			
[3]1.3.5.31	建筑施工土石方工程安全技术规范	JGJ 180-2009	√			
[3]1.3.5.32	液压升降整体脚手架安全技术规程	JGJ 183-2009	√			
[3]1.3.5.33	施工现场临时建筑物技术规范	JGJ/T 188-2009	√			
[3]1.3.5.34	建筑起重机械安全评估技术规程	JGJ/T 189-2009	√			
[3]1.3.5.35	钢管满堂支架预压技术规程	JGJ/T 194-2009	√			
[3]1.3.5.36	建筑施工塔式起重机安装、使用、拆卸安全技术规程	JGJ 196-2010	√			
[3]1.3.5.37	建筑施工工具式脚手架安全技术规范	JGJ 202-2010	√			
[3]1.3.5.38	建筑施工升降机安装、使用、拆卸安全技术规程	JGJ 215-2010	√			
[3]1.3.5.39	建筑施工承插型盘扣式钢管支架安全技术规程	JGJ 231-2010	√			
[3]1.3.5.40	建筑施工竹脚手架安全技术规范	JGJ 254-2011	√			
[3]1.3.5.41	市政架桥机安全使用技术规程	JGJ 266-2011	√			
[3]1.3.5.42	建筑施工起重吊装作业安全技术规程	JGJ 276-2012	√			
[3]1.3.5.43	建筑工程施工现场视频监控技术规范	JGJ/T 292-2012	√			
[3]1.3.5.44	建筑临时支撑结构安全技术规范	JGJ 300-2013	√			
[3]1.3.5.45	建筑深基坑工程施工安全技术规范	JGJ 311-2013	√			
[3]1.3.5.46	定型钢跳板技术规程	YBJ 211-88	√			
[3]1.3.5.47	旋挖成孔灌注桩施工安全技术规程	DBJ51/T 022-2013	√			
[3]1.3.5.48	建筑施工塔式起重机及施工升降机报废标准	DBJ51/T 026-2014	√			
[3]1.3.5.49	既有玻璃幕墙安全使用性能检测鉴定技术规程	DB51/T 5068-2010	√			
[3]1.3.5.50	成都地区基坑工程安全技术规范	DB51/T 5072-2011	√			

标准体系编码	规范名称	编号	出版情况			备注
			现行	在编	待编	
[3]1.3.5.51	建筑工程现场安全文明施工标准化技术规程			√		地标
[3]1.3.5.52	城市道路排水工程施工安全技术规程			√		地标
[3]1.3.5.53	建设工程扬尘污染防治规范				√	地标
[3]1.3.5.54	外墙外保温工程施工防火安全技术规程				√	地标
[3]1.3.5.55	建筑施工承插型钢管支模架安全技术规程				√	地标
[3]1.3.6	**建筑施工评价与管理专用标准**					
[3]1.3.6.1	建设项目工程总承包管理规范	GB/T 50358−2005	√			
[3]1.3.6.2	城市轨道交通建设项目管理规范	GB 50722−2011	√			
[3]1.3.6.3	民用建筑室内热湿环境评价标准	GB/T 50785−2012	√			
[3]1.3.6.4	城市生活垃圾分类及其评价标准	CJJ/T 102−2004	√			
[3]1.3.6.5	城市道路清扫保洁质量和评价标准	CJJ/T 126−2008	√			
[3]1.3.6.6	建筑施工企业管理基础数据标准	JGJ/T 204−2010	√			
[3]1.3.6.7	建筑施工企业信息化评价标准	JGJ/T 272−2012	√			
[3]1.3.6.8	成都市地源热泵系统性能工程评价标准	DBJ51/T 007−2012	√			
[3]1.3.6.9	成都市地源热泵系统运行管理规程	DBJ51/T 011−2012	√			
[3]1.3.6.10	民用建筑太阳能热水系统评价标准			√		地标
[3]1.3.6.11	四川省预拌混凝土生产企业质量管理规程				√	地标
[3]1.3.6.12	建筑玻璃幕墙管理办法				√	地标
[3]1.3.7	**建筑施工档案管理专用标准**					
[3]1.3.7.1	城市轨道交通工程档案整理标准	CJJ/T 180−2012	√			
[3]1.3.8	**建筑模数协调专用标准**					
[3]1.3.8.1	厂房建筑模数协调标准	GB/T 50006−2010	√			
[3]1.3.8.2	住宅卫生间模数协调标准	JGJ/T 263−2012	√			

2.4 项目说明

[3]1.1 基础标准

[3]1.1.1 术语标准

[3]1.1.1.1 《建筑门窗术语》（GB/T 5823-2008）

本标准规定了建筑用窗和人行门的通用术语和定义。本标准适用于建筑墙体开口处的窗和门，以及屋顶上开口处所用的窗。

[3]1.1.1.2 《建筑给水排水设备器材术语》（GB/T 16662-2008）

本标准规定了建筑给水排水设备器材，包括卫生器具、水嘴，加压、调节和储存设备，加热储热设备，地漏，检查井，建筑水处理设备，游泳池、游乐池设备，冷却设备，水景设备，雨水利用设备，管材，管件，阀门，计量，检测仪等方面的专用术语。本标准适用于建筑给水排水设备和器材的专用术语。

[3]1.1.1.3 《质量管理体系基础和术语》（GB/T 19000-2008）

本标准表述了构成 GB/T 19000 族标准主体内容的质量管理体系的基础，并定义了相关的术语。本标准适用于：① 通过实施质量管理体系寻求优势的组织；② 对供方能满足其产品要求寻求信任的组织；③ 产品的使用者；④ 就质量管理方面所使用的术语需要达成共识的人员和组织（如供方、顾客、监管机构）；⑤ 评价组织的质量管理体系或依据 GB/T 19001 的要求审核其符合性的内部或外部人员和机构（如审核员、监管机构、认证机构）；⑥ 对组织质量管理体系提出建议或提供培训的内部或外部人员和机构；⑦ 制定相关标准的人员。

[3]1.1.1.4 《环境管理　术语》（GB/T 24050-2004）

本标准包含与环境管理有关的、在已发布的 GB/T 24000-ISO14000 系列标准中所使用的基本概念的定义。

[3]1.1.1.5 《给水排水工程基本术语标准》（GB/T 50125-2010）

本标准适用于给水排水工程的设计、施工验收和运行管理。

[3]1.1.1.6 《采暖通风与空气调节术语标准》（GB 50155-92）

本标准适用于采暖通风与空气调节及其制冷工程的设计、科研、施工、验收、教学及维护管理等方面。

[3]1.1.1.7 《工程测量基本术语标准》（GB/T 50228-2011）

本标准适用于工程测量及有关领域。

[3]1.1.1.8 《岩土工程基本术语标准》（GB/T 50279-98）

本标准适用于岩土工程的勘察、试验、设计、施工和监测以及科研与教学等有关领域。

[3]1.1.1.9 《建材工程术语标准》（GB/T 50731-2011）

本标准适用于建筑材料工业中水泥、平板玻璃、建筑卫生、陶瓷、墙体和屋面材料、石材等专业工程建设项目中的勘察、设计、施工、验收、维修、工程监理、工程管理。

[3]1.1.1.10 《白蚁防治工程基本术语标准》（GB/T 50768-2012）

本标准适用于白蚁防治工程的规划、设计、施工、管理。

[3]1.1.1.11 《城市轨道交通工程基本术语标准》（GB/T 50833-2012）

本标准包括：总则；一般术语；客流；行车组织；车辆与车辆基地；线路、限界、轨道；建筑与结构；机电设备；客运服务；技术经济指标等。

[3]1.1.1.12 《供热术语标准》（CJJ/T 55-2011）

本标准适用于供热及有关领域。本标准包括：总则；基本术语；热负荷及耗热量；供热热源；供热管网；热力站与热用户；水利计算与强度计算；热水供热系统与水力工况与热力工况；施工验收；运行管理与调节。

[3]1.1.1.13 《园林基本术语标准》（CJJ/T 91-2002）

本规范统一和规范了园林基本术语及其定义，适用于园林行业的规划、设计、施工、管理、科研、教学及其他相关领域。

[3]1.1.1.14 《城市公共交通工程术语标准》（CJJ/T 119-2008）

本标准适用于城市公共交通（轨道交通除外）工程。

[3]1.1.1.15 《建筑岩土工程勘察基本术语标准》（JGJ 84-1992）

本标准适用于建筑和城市建设工程的岩土工程勘察、设计、施工、监测、科研、教学等方面。其他土木工程亦可参照执行。

[3]1.1.1.16 《工程抗震术语标准》（JGJ/T 97-2011）

本标准适用于工程抗震和抗震防灾、减灾的科研、设计、教学、施工、勘察及其管理。

[3]1.1.1.17 《建筑材料术语标准》（JGJ/T 191-2009）

本标准适用于建筑工程领域。本标准包括：总则；钢材；混凝土及其原材料；石膏和石灰；木材；砌体材料；建筑板材；瓦；流体输送用管；建筑陶瓷和卫生陶瓷；建筑装饰石材；建筑玻璃；绝热与吸声材料；耐火材料；防火材料；防水和密封材料；建筑涂料；防腐涂料；增强、加固与修补材料。

[3]1.1.2　制图标准

[3]1.1.2.1 《CAD 工程制图规则》（GB/T 18229-2000）

本标准规定了用计算机绘制工程图的基本规则。本标准适用于机械、电气、建筑等领域的工程制图以及相关文件。

[3]1.1.2.2　《房屋建筑制图统一标准》（GB/T 50001-2010）

本标准是房屋建筑制图的基本规定，适用于总图、建筑、结构、给水排水、暖通空调、电气等各专业制图。

[3]1.1.2.3　《总图制图标准》（GB/T 50103-2010）

本标准适用于下列制图方式绘制的图样：计算机制图；手工制图。本标准适用于总图专业的下列工程制图：新建、改建、扩建工程各阶段的总图制图；原有工程的总平面实测图；总图的通用图、标准图；新建、改建、扩建工程各阶段场地园林景观设计制图。

[3]1.1.2.4　《建筑制图标准》（GB/T 50104-2010）

本标准适用于下列制图方式绘制的图样：手工制图；计算机制图。本标准适用于建筑专业和室内设计专业的下列工程制图：新建、改建、扩建工程的各阶段设计图、竣工图；原有建筑物、构筑物等的实测图；通用设计图、标准设计图。

[3]1.1.2.5　《建筑结构制图标准》（GB/T 50105-2010）

本标准适用于工程制图中下列制图方式绘制的图样：手工制图；计算机制图。

[3]1.1.2.6　《建筑给水排水制图标准》（GB/T 50106-2010）

本标准适用于计算机制图和手工制图方式绘制的图样。

[3]1.1.2.7　《暖通空调制图标准》（GB/T 50114-2010）

本标准适用于手工制图、计算机制图，适用于新建、改建、扩建工程的各阶段设计图、竣工图，原有建筑物、构筑物等的实测图、通用设计图、标准设计图。

[3]1.1.2.8　《建筑电气制图标准》（GB/T 50786-2012）

本标准适用于建筑电气专业的下列工程制图：新建、改建、扩建工程的各阶段设计图、竣工图；通用设计图、标准设计图。本标准的主要技术内容是：总则；术语；基本规定；常用符号；图样画法。

[3]1.1.2.9　《供热工程制图标准》（CJJ/T 78-2010）

本标准适用于新建、扩建和改建供热工程的设计制图。

[3]1.1.2.10　《燃气工程制图标准》（CJJ/T 130-2009）

本标准适用于下列燃气工程的手工和计算机制图：新建、改建、扩建工程的各阶段设计图、竣工图；既有燃气设施的实测图；通用设计图、标准设计图。

[3]1.1.2.11　《房屋建筑室内装饰装修制图标准》（JGJ/T 244-2011）

本标准适用于下列房屋建筑室内装饰装修工程制图：新建、改建、扩建的房屋建筑室内装饰装修各阶段的设计图、竣工图；原有房屋的室内实测图；房屋建筑室内装饰装修的通用设计图、标准设计图；房屋建筑室内装饰装修的配套工程图。本标准包含：总则；术语；基本规定；常用房屋建筑室内装饰装修材料和设备图例；图样画法。

[3]1.1.3 分级、分类标准

[3]1.1.3.1 《土的工程分类标准》（GB/T 50145-2007）

本标准适用于土的基本分类。各行业在遵守本标准的基础上可根据需要编制专门分类标准。本标准包括：总则；术语、符号和代号；基本规定；土的分类；土的简易鉴别、分类和描述。

[3]1.1.3.2 《工程岩体分级标准》（GB 50218-94）

本标准适用于各类型岩石工程的岩体分级。本标准包括：总则；术语、符号；岩体基本质量的分级因素；岩体基本质量分级；工程岩体级别的确定。

[3]1.1.3.3 《建设工程分类标准》（GB/T 50841-2013）

本标准适用于建设工程前期策划、勘察、设计、招投标、施工、咨询等，不适用于军事工程等有特殊要求的建设工程。本标准包括：总则；术语；建筑工程；土木工程；机电工程。

[3]1.1.4 编码、符号标准

[3]1.1.4.1 《城市地理要素编码规则 城市道路、道路交叉口、街坊、市政工程管线》（GB/T 14395-2009）

本标准规定了城市地理要素编码的主要原则和基本结构，具体规定了城市道路、道路交叉口、街坊、市政工程管线的编码规则及其代码结构。本标准适用于全国大、中、小城市编制城市道路、道路交叉口、街坊和市政工程管线等地理要素的代码系统，其他地理要素的编码也可参照使用。

[3]1.1.4.2 《环境管理体系原则、体系和支持技术通用指南》（GB/T 24004-2004）

本标准为环境管理体系的建立、实施、保持和改进，以及与其他管理体系的协调提供指导。本标准适用于任何组织，无论其规模、类型、位置或成熟程度。

[3]1.1.4.3 《环境卫生图形符号标准》（CJJ/T 125-2008）

本标准适用于城镇环境卫生设施的规划、设计和管理。

[3]1.1.4.4 《城市地理编码技术规范》（CJJ/T 186-2012）

本规范适用于城市地名、地址、兴趣点等要素地理编码数据的采集、处理、建库、更新、维护和应用服务。

[3]1.2　通用标准

[3]1.2.1　建筑施工技术通用标准

[3]1.2.1.1　《低压电气装置　第 7-704 部分：特殊装置或场所的要求　施工和拆除场所的电气装置》（GB 16895.7-2009）

本部分代替 GB 16895.7-2009《建筑物电气装置　第 7 部分：特殊装置或场所的要求》第 704 节"施工与拆除场所的电气装置"。本部分的特殊要求适用于在使用或拆除作业期间作为施工和拆除场所的临时装置，举例如下：新建建筑物的施工工程；维修、改建、扩建或拆除现有建筑物或现有建筑物某些部分的工程、公共设施工程、土方工程，这些要求适用于固定的或可移动的装置。本部分不适用于由 GB 9089 系列标准所包括的装置，在这种场合的设备涉及与露天采矿使用的设备相类似的设备、在施工现场的行政场所（办公室、更衣室、会议室、小卖部、餐厅、宿舍、厕所等）的装置。对这种场所，适合应用 GB（GB/T）16895 的第 1 部分至第 6 部分通用标准。

[3]1.2.1.2　《电气设备电源特性的标记　安全要求》（GB 17285-2009）

本标准规定了标记电气设备电源额定值及其他相关特性的最低要求和一般规则，以正确和安全地选择和安装与任一供电电源相连的电气设备。

[3]1.2.1.3　《建筑幕墙》（GB/T 21086-2007）

本标准规定了建筑幕墙的术语和定义、分类、标记、通用要求和专项要求、试验方法、检验规则、标志、包装、运输与储存。本标准适用于以玻璃、石材、金属板、人造板材为饰面材料的构件式幕墙、单式幕墙、双层幕墙，还适用于全玻幕墙、点支承玻璃幕墙。采光顶、金属屋面、装饰性幕墙和其他建筑幕墙可参照使用。本标准不适用于混凝土板幕墙、面板直接粘贴在主体结构的外墙装饰系统，也不适用于无支承框架结构的外墙干挂系统。

[3]1.2.1.4　《湿陷性黄土地区建筑规范》（GB 50025-2004）

本规范适用于湿陷性黄土地区建筑工程的勘察、设计、地基处理、施工、使用与维护。本规范包括：总则；术语和符号；基本规定；勘察；设计；地基处理；既有建筑物的地基加固和纠倾；施工；使用与维护。

[3]1.2.1.5　《工程测量规范》（GB 50026-2007）

本规范适用于工程建设领域的通用性测量工作。本规范以中误差作为衡量测绘精度的标准，并以二倍中误差作为极限误差。对于精度要求较高的工程，可按本规范附录 A 的方法评定观测精度。

[3]1.2.1.6　《混凝土质量控制标准》（GB 50164-2011）

本标准适用于建设工程的普通混凝土质量控制。本规范包括：总则；原材料质量控制；

混凝土性能要求；配合比控制；生产控制水平；生产与施工质量控制；混凝土质量检验。

[3]1.2.1.7 《工程摄影测量规范》（GB 50167-1992）

本规范适用于城镇、工矿企业、交通运输、能源等各类工程建设的勘察、设计和施工以及生产（运营）阶段通用性摄影测量。本规范包括：控制测量、1：500～1：5 000 比例尺地形图的航空和地面摄影测量、数字地面模型、非地形摄影测量和工程遥感。

[3]1.2.1.8 《建筑气候区划标准》（GB 50178-93）

本标准适用于一般工业与民用建筑的规划设计与施工。

[3]1.2.1.9 《地下铁道工程施工及验收规范》（GB 50299-1999）

本规范适用于新建地下铁道工程的施工及验收。凡未作规定的，均应按国家现行的有关强制性标准执行。

[3]1.2.1.10 《建筑边坡工程技术规范》（GB 50330-2013）

本规范适用于建（构）筑物及市政工程的边坡工程，也适用于岩石基坑工程。对于软土、湿陷性黄土、冻土、膨胀土、其他特殊岩土和侵蚀性环境的边坡，尚应符合现行有关标准的规定。

[3]1.2.1.11 《屋面工程技术规范》（GB 50345-2012）

本规范适用于房屋建筑屋面工程的设计和施工。本规范包括：总则；术语；基本规定；屋面工程设计；屋面工程施工等。

[3]1.2.1.12 《村庄整治技术规范》（GB 50445-2008）

本规范适用于全国现有村庄整治。本规范包括：总则；术语；安全与防灾；给水设施；垃圾收集与处理；粪便处理；排水设施；道路桥梁及交通安全设施；公共环境；坑塘河道；历史文化遗产与乡土特色保护；生活用能。

[3]1.2.1.13 《微灌工程技术规范》（GB/T 50485-2009）

本规范适用于新建、扩建或改建的微灌工程规划、设计、施工、安装及验收。

[3]1.2.1.14 《城市轨道交通技术规范》（GB 50490-2009）

本规范是以功能和性能要求为基础的全文强制标准，条款以城市轨道交通安全为主线，统筹考虑了卫生、环境保护、资源节约和维护社会公众利益等方面的技术要求。本规范并未对城市轨道交通的建设和运营提出全面、具体的要求。本规范包括：总则；术语；基本规定；运营；车辆；限界；土建工程和机电设备。

[3]1.2.1.15 《城镇燃气技术规范》（GB 50494-2009）

本规范适用于城镇燃气设施的建设、运行维护和使用。

[3]1.2.1.16 《智能建筑工程施工规范》（GB 50606-2010）

本规范适用于新建、改建和扩建工程中的智能建筑工程施工。本规范包括：总则；术语；基本规定；综合管线；综合布线系统；信息网络系统；卫星接收及有线电视系统；会议系统；广播系统；信息设施系统；信息化应用系统；建筑设备监控系统；火灾自动报警系统；安全防范系统；智能化集成系统；防雷与接地和机房工程。

[3]1.2.1.17 《混凝土结构工程施工规范》（GB 50666-2011）

本规范适用于建筑工程混凝土结构的施工，不适用于轻骨料混凝土及特殊混凝土的施工。

[3]1.2.1.18 《通风与空调工程施工规范》（GB 50738-2011）

本规范适用于建筑工程中通风与空调工程的施工安装。本规范包括：总则；术语；基本规定；金属风管与配件制作；非金属与复合风管及配件制作；风阀与部件制作；支吊架制作与安装；风管与部件安装；空气处理设备安装；空调冷热源与辅助设备安装；空调水系统管道与附件安装；空调制冷剂管道与附件安装；防腐与绝热；监测与控制系统安装；监测与试验；通风与空调系统试运行与调试。

[3]1.2.1.19 《工程施工废弃物再生利用技术规范》（GB/T 50743-2012）

本规范适用于建设工程施工过程中废弃物的管理、处理和再生利用；不适用于已被污染或腐蚀的工程施工废弃物的再生利用。本规范包括：总则；术语和符号；基本规定；废混凝土再生利用；废模板再生利用；再生骨料砂浆；废砖瓦再生利用；其他工程施工废弃物再生利用；工程施工废弃物管理和减量措施。

[3]1.2.1.20 《钢结构工程施工规范》（GB 50755-2012）

本规范适用于工业与民用建筑及构筑物钢结构工程的施工。本规范包括：总则；术语和符号；基本规定；施工阶段设计；材料；焊接；紧固件连接；零件及部件加工；构件组装及加工；钢结构预拼装；钢结构安装；压型金属板；涂装；施工测量；施工监测；施工安全和环境保护等。

[3]1.2.1.21 《木结构工程施工规范》（GB/T 50772-2012）

本规范适用于木结构的制作安装、木结构的防护以及木结构的防火施工。本规范包括：总则；术语；基本规定；木结构工程施工用材；木结构构件制作；构建连接与节点施工；木结构安装；轻型木结构制作与安装；木结构工程防火施工；木结构工程防护施工；木结构工程施工安全。

[3]1.2.1.22 《复合地基技术规范》（GB/T 50783-2012）

本规范适用于复合地基的设计、施工及质量检验。

[3]1.2.1.23 《城市工程地球物理探测规范》（CJJ 7-2007）

本规范适用于城市工程建设的岩土工程勘察、水文地质勘察和环境地质勘察以及工程质量评价中的地球物理探测。

[3]1.2.1.24 《城市测量规范》（CJJ/T 8-2011）

本规范适用于城市规划、建设、运行和管理中的平面控制测量、高程控制测量、数字线划图测绘、数字高程模型建立、数字正影像图制作、工程测量、地籍测绘、房产测绘、地图编制等城市测量工作，也适用于镇、乡、村的测量工作。本规范包括：总则；术语、符号和代号；基本规定；平面控制测量；高程控制测量；数字线划图测绘；数字高程模型建立；数字正射影像图制作；工程测量；地籍测绘；房产测绘；地图编制。

[3]1.2.1.25 《二次供水工程技术规程》（CJJ 140-2010）

本规程适用于城镇新建、扩建和改建的民用与工业建筑生活饮用水二次供水工程的设计、施工、安装、调试、验收、设施维护与安全运行管理。本规程包括：总则；术语；基本规定；水质、水量、水压；系统设计；设备设施；泵房；控制与保护；施工；调试与验收；设施维护与安全运行管理。

[3]1.2.1.26 《混凝土泵送施工技术规程》（JGJ/T 10-2011）

本规程适用于建筑工程、市政工程的混凝土泵送施工，不适用于轻骨料混凝土的泵送施工。本规程包括：总则；术语和符号；混凝土泵送施工方案设计；泵送混凝土的运输；混凝土的泵送；泵送混凝土的浇筑；施工安全与环境保护；泵送混凝土质量控制。

[3]1.2.1.27 《建筑气象参数标准》（JGJ 35-87）

本标准为满足工业与民用建筑工程的勘察、设计施工以及城镇小区规划设计的需要而提供了统一的建筑气象参数。

[3]1.2.1.28 《建筑地基处理技术规范》（JGJ 79-2012）

本规范包括：总则；术语和符号；基本规定；换填垫层；预压地基；压实地基和夯实地基；复合地基；注浆加固；微型桩加固；检验与监测。

[3]1.2.1.29 《外墙外保温工程技术规程》（JGJ 144-2004）

本规程适用于以混凝土或砌体为基层墙体的新建、扩建和改建居住建筑外墙外保温工程。工业建筑和既有民用外墙外保温工程可参照执行。本规程包括：总则；术语；基本规定；性能要求；设计与施工；外墙外保温系统构造和技术要求；工程验收。

[3]1.2.1.30 《抹灰砂浆技术规程》（JGJ/T 220-2010）

本规程适用于新建、改建、扩建和既有建筑的一般抹灰工程用砂浆的配合比设计、施工及质量验收。本规程包括：总则；术语；基本规定；材料要求；配合比设计；施工；质量验收。

[3]1.2.1.31 《预制预应力混凝土装配整体式框架结构技术规程》（JGJ 224-2010）

本规程适用于非抗震设防区及抗震设防烈度为6度和7度地区的除甲类以外的预制预应力混凝土装配整体式框架结构和框架-剪力墙结构的设计、施工及验收。

[3]1.2.1.32 《外墙内保温工程技术规程》（JGJ/T 261-2011）

本规程适用于以混凝土或砌体为基层墙体的新建、扩建和改建居住建筑外墙内保温工程的设计、施工及验收。本规程包括：总则；术语；基本规定；性能要求；设计与施工；内保温系统构造和技术要求；工程验收。

[3]1.2.1.33 《高强混凝土应用技术规程》（JGJ/T 281-2012）

本规程适用于高强混凝土的原材料控制、性能要求、配合比设计、施工和质量检验。本规程包括：总则；术语和符号；基本规定；原材料；混凝土性能；配合比；施工；质量检验。

[3]1.2.1.34 《建筑基坑工程技术规范》（YB 9258-1997）

本规范适用于建筑物或构筑物有地下室或地下结构的基坑工程。

[3]1.2.1.35 《岩土工程监测规范》（YS 5229-1996）

本规范适用于建筑、构筑物、工业场地、尾矿坝、中小型水库坝体等工程施工和运营阶段的监测。

[3]1.2.2 建筑材料通用标准

[3]1.2.2.1 《混凝土膨胀剂》（GB 23439-2009）

本标准规定了混凝土膨胀剂的术语和定义、分类、要求、试验方法、检验规则及包装、标志、运输和储存。本标准适用于硫铝酸钙类、氧化钙类与硫铝酸钙-氧化钙类粉状混凝土膨胀剂。

[3]1.2.2.2 《普通混凝土力学性能试验方法标准》（GB/T 50081-2002）

本标准适用于工业与民用建筑以及一般构筑物中的普通混凝土力学性能试验，包括抗压强度试验、轴心抗压强度试验、静力受压弹性模量试验、劈裂抗拉强度试验和抗折强度试验。

[3]1.2.2.3 《普通混凝土长期性能和耐久性能试验方法标准》（GB/T 50082-2009）

本标准适用于工程建设活动中对普通混凝土进行的长期性能和耐久性能试验。本标准包括：总则；术语；基本规定；抗冻试验；动弹性模量试验；抗水渗透试验；抗氯离子渗透试验；收缩试验；早期抗裂试验；受压徐变试验；碳化试验；混凝土中钢筋锈蚀试验；

抗压疲劳变形试验；抗硫酸盐侵蚀试验；碱-骨料反应试验。

[3]1.2.2.4 《混凝土强度检验评定标准》（GB/T 50107-2010）

本标准适用于混凝土强度的检验评定。本标准包括：总则；术语和符号；基本规定；混凝土的取样与试验；混凝土强度的检验评定。

[3]1.2.2.5 《混凝土外加剂应用技术规范》（GB 50119-2013）

本规范包括：总则；术语和符号；基本规定；普通减水剂；高效减水剂；聚羧酸系高性能减水剂；引气剂及引气减水剂；早强剂；缓凝剂；泵送剂；防冻剂；速凝剂；膨胀剂；防水剂；阻锈剂等。

[3]1.2.2.6 《墙体材料应用统一技术规范》（GB 50574-2010）

本规范适用于墙体材料的建筑工程应用。本规范包括：总则；术语和符号；墙体材料；建筑及建筑节能设计；结构设计；墙体裂缝控制与构造要求；施工；验收；墙体维护；试验。

[3]1.2.2.7 《早期推定混凝土强度试验方法标准》（JGJ/T 15-2008）

本标准适用于一般工业与民用建筑和构筑物中普通混凝土用砂和石的质量要求和检验。

[3]1.2.2.8 《普通混凝土用砂、石质量及检验方法标准》（JGJ 52-2006）

本标准适用于一般工业与民用建筑和构筑物中普通混凝土用砂、石的质量要求和检验。本标准包括：总则；术语、符号；质量要求；验收、运输和堆放；取样和缩分；砂的含水率试验；石的检验方法。

[3]1.2.2.9 《普通混凝土配合比设计规程》（JGJ 55-2011）

本规程适用于工业与民用建筑及一般构筑物所采用的普通混凝土配合比设计。本规程包括：总则；术语和符号；基本规定；混凝土配制强度的确定；混凝土配合比的计算；混凝土配合比的试配、调整与确定试配；配合比的调整与确定；有特殊要求的混凝土；抗渗混凝土；抗冻混凝土；高强混凝土；泵送混凝土；大体积混凝土。

[3]1.2.2.10 《混凝土用水标准》（JGJ 63-2006）

本标准为保证混凝土用水的质量，使混凝土性能符合技术要求而制定。本标准适用于工业与民用建筑以及一般构筑物的混凝土用水。本标准包括：总则；术语；技术要求；检验方法；检验规则；结果评定。

[3]1.2.2.11 《混凝土耐久性检验评定标准》（JGJ/T 193-2009）

本标准规定了混凝土耐久性检验评定的基本技术要求。本标准适用于建筑与市政工程中混凝土耐久性的检验与评定。本标准包括：总则；性能等级划分与试验方法；检验；评定。

[3]1.2.3 **建筑检测技术通用标准**

[3]1.2.3.1 《普通混凝土拌合物性能试验方法标准》（GB/T 50080-2002）

本标准适用于建筑工程中的普通混凝土拌合物性能试验，包括取样及试样制备、稠度试验、凝结时间试验、泌水与压力泌水试验、表观密度试验、含气量试验和配合比分析试验。

[3]1.2.3.2 《混凝土结构试验方法标准》（GB 50152-2012）

本标准适用于房屋和一般构筑物的钢筋混凝土结构、预应力混凝土结构的试验，包括：实验室试验、预制构件试验、结构原位加载试验、结构监测及动力特性测试。有特殊要求的试验，处于高温、负温、侵蚀性介质等环境条件下的结构试验以及混凝土结构构件其他类型的试验，应符合国家现行有关标准的规定或专门的试验要求。本标准包括：总则；术语和符号；基本规定；材料性能；试验加载；试验量测；实验室试验；预制构件试验；原位加载试验；结构监测与动力测试和试验安全。

[3]1.2.3.3 《民用建筑可靠性鉴定标准》（GB 50292-1999）

本标准适用于民用建筑在下列情况下的检查与鉴定。本标准包括：总则；术语、符号；基本规定；构件安全性鉴定等级；构件正常使用性鉴定等级；子单元安全性鉴定等级；子单元正常使用性鉴定等级；鉴定单元安全性及使用性评级；民用建筑可靠性评级；民用建筑适修性评估；鉴定报告编写要求。

[3]1.2.3.4 《砌体工程现场检测技术标准》（GB/T 50315-2011）

本标准适用于砌体工程中砖砌体、砌筑砂浆和砌筑块体的现场检测和强度推定。本标准包括：总则；术语和符号；基本规定；原位轴压法；扁顶法；切制抗压试件法；原位单剪法；原位双剪法；推出法；筒压法；砂浆片剪切法；砂浆回弹法；点荷法；烧结砖回弹法；强度推定。

[3]1.2.3.5 《木结构试验方法标准》（GB/T 50329-2012）

本标准适用于房屋和一般构筑物中承重的木结构和构件及其连接在短期荷载作用下的静力试验。本标准包括：总则；术语和符号；基本规定；试验数据的统计方法；梁弯曲试验方法；轴心压杆试验方法；偏心压杆试验方法；横纹承压比例极限测定方法；齿连接试验方法；圆钢销连接试验方法；齿板连接试验方法；胶粘能力检验方法；胶合指形连接试验方法；桁架试验方法。

[3]1.2.3.6 《建筑结构检测技术标准》（GB/T 50344-2004）

本标准适用于建筑工程中各类结构工程质量的检测和既有建筑结构性能的检测。本标准包括：总则；术语和符号；基本规定；混凝土结构；砌体结构；钢结构；钢管混凝土结构；木结构。

[3]1.2.3.7 《房屋建筑和市政基础设施工程质量检测技术管理规范》（GB 50618-2011）

本规范适用于房屋建筑工程和市政基础设施工程有关建筑材料、工程实体质量检测活动的技术管理。本规范包括：总则；术语；基本规定；检测机构能力；检测程序；检测档案。

[3]1.2.3.8 《混凝土结构现场检测技术标准》（GB 50784-2013）

本标准适用于混凝土结构的现场检测。本标准包括：回弹、钻芯、回弹超声综合法及后装拔出法及混凝土内部缺陷检测和钢筋位置检测方法等。将 JGJ/T23-2001、CECS02：88、CECS03：88、CECS21：2000 和 CECS69：94 合并为译本混凝土结构现场检测技术标准。

[3]1.2.3.9 《危险房屋鉴定标准》（JGJ 125-99）

本标准适用于既有房屋的危险性鉴定。本标准包括：总则；符号、代号；鉴定程序与评定方法；构件危险性鉴定；房屋危险性鉴定；房屋安全鉴定报告。

[3]1.2.3.10 《居住建筑节能检测标准》（JGJ/T 132-2009）

本标准规定了居住建筑节能检测的基本技术要求。本标准适用于新建、扩建、改建居住建筑的节能检测。本标准包括：总则；术语和符号；基本规定；室内平均温度；外围护结构热工缺陷；外围护结构热桥部位内表面温度；围护结构主体部位传热系数；外窗窗口气密性能；外围护结构隔热性能；外窗外遮阳设施；室外管网水力平衡度；补水率；室外管网热损失率；锅炉运行效率；耗电输热比。

[3]1.2.3.11 《房屋建筑与市政基础设施工程检测分类标准》（JGJ/T 181-2009）

本标准适用于房屋建筑和市政基础设施工程检测的分类。本标准包括：总则；基本规定；混凝土结构材料；墙体材料；金属结构材料；木结构材料；膜结构材料；预制混凝土构配件；砂浆材料；装饰装修材料；门窗幕墙；防水材料；嵌缝密封材料；胶粘剂；管网材料；电气材料；保温吸声材料；道桥材料；道桥构配件；防腐绝缘材料；地基与基础工程；主体结构工程；装饰装修工程；防水工程；建筑给水、排水及采暖工程；通风与空调工程；建筑电气工程；智能建筑工程；建筑节能工程；道路工程；桥梁工程；隧道工程与城市地下工程；市政给水排水、热力与燃气工程；工程监测；施工机具；安全防护用品；热环境；光环境；声环境；空气质量。

[3]1.2.3.12 《建筑工程基桩检测技术规范》

本规范适用于基桩工程质量检测，主要内容为低应变及超声测桩身完整性、高应变及静载测基桩承载力等基本检测方法。

[3]1.2.4　建筑施工质量验收通用标准

[3]1.2.4.1　《沥青路面施工及验收规范》（GB 50092-96）

本规范适用于新建和改建的公路城市道路和厂矿道路的沥青路面工程。本规范包括：总则；术语、符号、代号；基层；材料；沥青表面处治路面；沥青贯入式路面；热拌沥青混合料路面；乳化沥青碎石混合料路面；透层、粘层与封层；其他工程。

[3]1.2.4.2　《土方与爆破工程施工及验收规范》（GB 50201-2012）

本规范适用于建筑工程的土方与爆破工程施工及质量验收。本规范包括：总则、术语、基本规定、土方工程和爆破工程。

[3]1.2.4.3　《建筑地基基础工程施工质量验收规范》（GB 50202-2002）

本规范适用于建筑工程的地基基础工程施工质量验收。本规范包括：总则；术语；基本规定；地基；桩基础；土方工程；基坑工程；分部（子分部）工程质量验收。

[3]1.2.4.4　《砌体结构工程施工质量验收规范》（GB 50203-2011）

本规范适用于建筑工程的砖、石、小砌块等砌体结构工程的施工质量验收，不适用于铁路、公路和水工建筑等砌石工程。本规范包括：总则；术语；基本规定；砌筑砂浆；砖砌体工程；混凝土小型空心砌块砌体工程；石砌体工程；配筋砌体工程；填充墙砌体工程；冬期施工；子分部工程验收。

[3]1.2.4.5　《混凝土结构工程施工质量验收规范》（GB 50204-2002）

本规范适用于建筑工程混凝土结构施工质量的验收，不适用于特种混凝土结构施工质量的验收。本规范包含：总则；术语；基本规定；模板分项工程；钢筋分项工程；预应力分项工程；混凝土分项工程；现浇结构分项工程；装配式结构分项工程；混凝土结构子分部工程。

[3]1.2.4.6　《钢结构工程施工质量验收规范》（GB 50205-2001）

本规范适用于建筑工程的单层、多层、高层以及网架、压型金属板等钢结构工程施工质量的验收。本规范包括：总则；术语；符号；基本规定；原材料及成品进场；焊接工程、紧固件连接工程、钢零件及钢部件加工工程；钢构件组装工程；钢构件预拼装工程；单层钢结构安装工程；多层及高层钢结构安装工程；钢网架结构安装工程；压型金属板工程；钢结构涂装工程；钢结构分部工程竣工验收。

[3]1.2.4.7　《木结构工程施工质量验收规范》（GB 50206-2012）

本规范适用于方木、原木结构、胶合木结构及轻型木结构等木结构工程施工质量的验收。本规范应与现行国家标准《建筑工程施工质量验收统一标准》GB 50300 配套使用。本规范包括：总则；术语；基本规定；方木；原木结构；胶合木结构；轻型木结构；木结构的防护；木结构子分部工程验收。

[3]**1.2.4.8** 《屋面工程质量验收规范》（GB 50207-2012）

本规范适用于房屋建筑屋面工程的质量验收。本规范包括：总则；术语；基本规定；基层与保护工程；保温与隔热工程；防水与密封工程；瓦面与板面工程；细部结构工程；屋面工程验收等。

[3]**1.2.4.9** 《地下防水工程质量验收规范》（GB 50208-2011）

本规范适用于房屋建筑、防护工程、市政隧道、地下铁道等地下防水工程质量验收。本规范包括：总则；术语；基本规定；主体结构防水工程；细部构造防水工程；特殊施工法结构防水工程；排水工程；注浆工程；子分部工程质量验收。

[3]**1.2.4.10** 《建筑地面工程施工质量验收规范》（GB 50209-2010）

本规范适用于建筑地面工程（含室外散水、明沟、踏步、台阶和坡道）施工质量的验收，不适用于超净、屏蔽、绝缘、防止放射线以及防腐蚀等特殊要求的建筑地面工程施工质量验收。本规范包括：总则；术语；基本规定；基本铺设；整体面层铺设；板块面层铺设；木竹面层铺设；分部（子分部）工程验收。

[3]**1.2.4.11** 《建筑装饰装修工程质量验收规范》（GB 50210-2001）

本规范适用于新建、扩建、改建和既有建筑的装饰装修工程的质量验收。本规范包括：总则；术语；基本规定；抹灰工程；门窗工程；吊顶工程；轻质隔墙工程；饰面板（砖）工程；幕墙工程；涂饰工程；裱糊与软包工程；细部工程。

[3]**1.2.4.12** 《通风与空调工程施工质量验收规范》（GB 50243-2002）

本规范适用于建筑工程通风与空调工程施工质量的验收。本规范包括：总则；术语；基本规定；风管制作；风管部件与消声器制作；风管系统安装；通风与空调设备安装；空调制冷系统安装；空调水系统管道与设备安装；防腐与绝热；系统调试；竣工验收。

[3]**1.2.4.13** 《建筑工程施工质量验收统一标准》（GB 50300-2013）

本标准适用于建筑工程施工质量的验收，并作为建筑工程各专业工程施工质量验收规范编制的统一准则。本标准包括：总则；术语；基本规定；建筑工程质量验收的划分；建筑工程质量验收；建筑工程质量验收程序和组织。

[3]**1.2.4.14** 《建筑采暖与给水排水工程施工质量验收规范》（GB 50302-2002）

本规范适用于采暖与给水排水工程的施工质量验收，主要内容为采暖与给水排水工程的检验批和分项工程以及分部工程施工质量验收的要求。

[3]**1.2.4.15** 《建筑电气工程施工质量验收规范》（GB 50303-2002）

本规范适用于满足建筑物预期使用功能要求的电气安装工程施工质量验收，适用电压等级为 10 kV 及以下。本规范包括：总则；术语；基本规定；架空线路及杆上电气设备安装；变压器、箱式变电所安装；成套配电柜、控制柜（屏、台）和动力、照明配电箱（盘）；低压电动机、电加热器及电动执行机构检查接线；柴油发电机组安装；不间断电源安装；低压电气动力设备试验和试运行；裸母线、封闭母线、插接式母线安装；电缆桥架安装和桥架内电缆敷设；电缆沟内和电缆竖井内电缆敷设；电线导管、电缆导管和线槽敷线；槽板配线；钢索配线；电缆头制作、接线和线路绝缘测试；普通灯具安装；专用灯具安装；建筑物景观照明灯、航空障碍标志灯和庭院灯安装；开关、插座、风扇安装；建筑物照明通电试运行；接地装置安装；避雷引下线和变配电室接地干线敷设；接闪器安装；建筑物等电位联结；分部（子分部）工程验收。

[3]**1.2.4.16** 《电梯工程施工质量验收规范》（GB 50310-2002）

本规范适用于电力驱动的曳引式或强制式电梯、液压电梯、自动扶梯和自动人行道安装工程质量的验收，不适用于杂物电梯安装工程质量的验收。本规范包括：总则；术语；基本规定；电力驱动的曳引式或强制式电梯安装工程质量验收；液压电梯安装工程质量验收；自动扶梯、自动人行道安装工程质量验收；分部（子分部）工程质量验收。

[3]**1.2.4.17** 《智能建筑工程质量验收规范》（GB 50339-2013）

本规范适用于建筑工程的新建、扩建、改建工程中的智能建筑工程质量验收。本规范包括：总则；术语和符号；基本规定；通信网络系统；信息网络系统；建筑设备监控系统；火灾自动报警及消防联动系统；安全防范系统；综合布线系统；智能化系统集成；电源与接地；环境；住宅（小区）智能化。

[3]**1.2.4.18** 《城镇道路工程施工与质量验收规范》（CJJ 1-2008）

本规范适用于城镇新建、改建、扩建的道路及广场、停车场等工程的施工和质量检验、验收。本规范包括：总则；术语、符号及代号；基本规定；施工准备；测量；路基；基层；沥青混合料面层；沥青贯入式与沥青表面处治面层；水泥混凝土面层；铺砌式面层；广场与停车场面层；人行道铺筑；人行地道结构；挡土墙；附属构筑物；冬雨期施工；工程质量与竣工验收。

[3]**1.2.4.19** 《城市桥梁工程施工与质量验收规范》（CJJ 2-2008）

本规范适用于一般地质条件下城市桥梁的新建、改建、扩建工程和大、中修维护工程的施工与质量验收。本规范包括：总则；基本规定；施工准备；测量；模板、支架和拱架；钢筋；混凝土；预应力混凝土；砌体；基础；墩台；支座；混凝土梁（板）；钢梁；结合梁；拱部与拱上结构；斜拉桥；悬索桥；顶进箱涵；桥面系；附属结构；装饰与装修；工程竣工验收。

[3]1.2.4.20 《古建筑修建工程质量检验评定标准》（CJJ 39-91）

本标准主要适用于我国北方地区下列古建筑的整体或部分修建工程：官式古建筑和仿古建筑；近现代建筑中采用古建筑形式或作法的项目。地方作法中与官式作法差异较大者，可参照本标准有关条目执行。本标准包括：总则；质量检验评定；土方与地基工程；石作工程；大木构架制作与安装工程；木构架修缮工程；砖料加工；砌筑工程；屋面工程；抹灰工程；地面工程；木装修制作、安装与修缮工程；油漆彩画地仗工程；油饰工程；彩画工程。

[3]1.2.4.21 《园林绿化工程施工及验收规范》（CJJ 82-2012）

本规范包括：总则；术语；施工准备；绿化工程；园林附属工程；工程质量验收。

[3]1.2.4.22 《城镇室内燃气工程施工及质量验收规范》（CJJ94-2009）

本规范适用于供气压力小于或等于 0.8 MPa（表压）的新建、扩建和改建的城镇居民住宅、商业用户、燃气锅炉房（不含锅炉本体）、实验室、工业企业（不含用电气设备）等用户室内燃气管道和用气设备安装的施工与质量验收。本规范包括：总则；术语；基本规定；室内燃气管道安装及检验；燃气计量表安装及检验；家用、商业用及工业企业用燃具和用气设备的安装及检验；商业用燃气锅炉和冷热水机组燃气系统安装及检验；试验与验收等。

[3]1.2.4.23 《古建筑修建工程施工与质量验收规范》（JGJ159-2008）

本规范适用于下列工程的施工与验收：各种古建筑修缮，移建（迁）建，重建（复建）工程；各种仿古建筑的新建和修缮工程；近、现代建筑中采用古建筑做法的新建和修缮项目。本规范包括：总则；术语；土方、地基与基础；大木结构；砖石工程；屋面工程；楼地面工程；木装修工程；装饰工程；彩画工程；雕塑工程；防潮、防腐、防火、防虫、防震工程；钢筋混凝土、新结构、新材料工程。

[3]1.2.4.24 《岩土工程验收和质量评定标准》（YB 9010-1998）

本标准适用于冶金工业建设的岩土工程验收和质量评定，其他同类工程可参照执行。

[3]1.2.4.25 《冶金建筑工程施工质量验收规范》（YB 4147-2006）

本规范适用于冶金建筑工程施工质量的验收。本规范包括：总则；术语；地基基础工程；砌体工程；混凝土结构工程；钢结构工程；屋面工程；地下防水工程；建筑地面工程；建筑装饰装修工程；厂区道路工程；建筑防腐工程；冶金建筑铁路工程。

[3]1.2.5 建筑施工安全与环境卫生通用标准

[3]1.2.5.1 《工作场所职业病危害警示标识》（GBZ 158-2003）

本标准规定了在工作场所设置的可以使劳动者对职业病危害产生警觉，并采取相应防护措施的图形标识、警示线、警示语句和文字。本标准适用于可产生职业病危害的工作场所、设备及产品。根据工作场所实际情况，组合使用各类警示标识。

[3]1.2.5.2 《建筑施工现场安全与卫生标志标准》（GB 2893，GB 2894）

本标准适用于建筑施工现场的安全标志，主要内容为有关建筑施工现场的安全标志意义及其使用要求。

[3]1.2.5.3 《高处作业分级》（GB/T 3608-2008）

本标准规定了高处作业的术语和定义、高度计算方法及分级。本标准适用于各种高处作业。

[3]1.2.5.4 《环境管理体系要求及使用指南》（GB/T 24001-2004）

本标准规定了对环境管理体系的要求，使一个组织能够根据法律法规和它应遵守的其他要求，以及关于重要环境因素的信息，制定和实施环境方针与目标。本标准适用于组织确定其他能够控制的或能够施加影响的那些环境因素。但标准本身未提出具体的环境绩效准则。本标准适用于任何有下列愿望的组织：① 建立、实施、保持并改进环境管理体系。② 使自己确信能符合所声明的环境方针。③ 通过下列方式证实对本标准的符合：进行自我评价和自我声明；寻求组织的相关方（如顾客）对其符合性的确认；寻求外部对其自我声明的确认；寻求外部组织对其环境管理体系进行认证（或注册）。本标准旨在使其所有要求都能够纳入任何一个环境管理体系。其应用程度取决于诸如组织的环境方针，活动、产品和服务的性质，运行场所和条件等因素。本标准包括：范围；规范性文件；术语与定义；环境管理体系要求。

[3]1.2.5.5 《建设工程施工现场供用电安全规范》（GB 50194-93）

本规范适用于一般工业与民用建设工程电压在 10 kV 及以下的施工现场供用电设施的设计、施工、运行及维护，但不适用于水下、井下和矿井等特殊工程。本规范包括：总则；发电设施、变电设施、配电设施；架空配电线路及电缆线路；接地保护及防雷保护；常用电气设备；特殊环境；照明；安全技术管理。

[3]1.2.5.6 《施工企业安全生产管理规范》（GB 50656-2011）

本规范适用于施工企业安全生产管理的监督检查工作。本规范包括：总则；术语；基本规定；安全管理目标；安全生产组织与责任体系；安全生产管理制度；安全生产教育培训；施工设施、设备和劳动防护用品安全管理；安全技术管理；分包方安全生产管理；施工现场安全管理；应急救援管理；生产安全事故管理；安全检查和改进；安全考核和奖惩。

[3]1.2.5.7 《建筑施工安全技术统一规范》（GB 50870-2013）

本规范适用于建筑施工安全技术方案、措施的制定以及实施管理。本规范包括：总则；术语；基本规定；建筑施工安全技术规划；建筑施工安全技术分析；建筑施工安全技术控制；建筑施工安全技术监测与预警及应急救援；建筑施工安全技术管理。

[3]1.2.5.8 《建筑机械使用安全技术规程》（JGJ 33-2012）

本规范适用于建筑安装、工业生产及维修企业中各种类型机械的使用。本规范包括：总则；基本规定；动力与电气装置；建筑起重机械；土石方机械；运输机械；桩工机械；混凝土机械；钢筋加工机械；木工机械；地下施工机械；焊接机械；其他中小型机械。

[3]1.2.5.9 《建筑施工安全检查标准》（JGJ 59-2011）

本标准适用于房屋建筑工程施工现场安全生产的检查评定。本标准包括：总则；术语；检查评定项目；检查评分方法；检查评定等级。

[3]1.2.5.10 《建设工程施工现场环境与卫生标准》（JGJ 146-2013）

本标准适用于新建、扩建、改建的土木工程、建筑工程、线路管道工程、设备安装工程、装修装饰工程及拆除工程。本标准包括：总则；一般规定；环境保护；环境卫生。

[3]1.2.5.11 《建筑施工作业劳动防护用品配备及使用标准》（JGJ 184-2009）

本标准适用于建筑施工企业和建筑工程施工现场作业的劳动防护用品的配备、使用及管理。本标准包括：总则；基本规定；劳动防护用品的配备；劳动防护用品使用及管理。

[3]1.2.6　建筑施工评价与管理通用标准

[3]1.2.6.1 《质量管理体系要求》（GB/T 19001-2008）

本标准为有下列需求的组织规定了质量管理体系要求：需要证实其具有稳定地提供满足顾客要求和适用的法律法规要求产品的能力；通过体系的有效应用，包括体系持续改进过程的有效应用，以及保证符合顾客要求和适用的法律法规要求，旨在增强顾客满意程度。本标准规定的所有要求是通用的，旨在适用于各种类型、不同规模和提供不同产品的组织。本标准包括：范围；规范性引用文件；术语和定义；质量管理体系；管理职责；资源管理；产品实现；测量、分析和改进。

[3]1.2.6.2 《质量管理体系业绩改进指南》（GB/T 19004-2011）

本标准为组织提供了通过运用质量管理方法实现持续成功的指南。本标准适用于各种类型、不同规模和从事不同活动的任何组织。本标准不拟用于认证、法律法规或合同目的。本标准包括：范围；规范性引用文件；术语和定义；组织持续成功的管理；战略和方针；资源管理；过程管理；监视、测量、分析和评审；改进、创新和学习。

[3]1.2.6.3 《质量管理体系项目质量管理指南》（GB/T 19016-2005）

本标准为质量管理在项目中的应用提供指南。本标准适用于不同环境下的复杂程度不同、规模大小不一、周期长短不等的各种项目，而不管目的产品生产过程的类型如何。但为了适用于某一特定项目，可能需要对本标准做一些删减。本标准不是"项目管理"本身的指南，而是项目管理过程中的质量指南。

[3]1.2.6.4 《环境管理　环境表现评价指南》（GB/T 24031-2001）

本标准为一个组织内部设计和实施环境表现评估提供指南。它适用于任何组织，无论其类型、规模、地域和复杂程度。本标准没有设立具体环境表现水平。它不是一个用于认证或注册或建立其他任何环境管理体系符合性要求的规范性标准。

[3]1.2.6.5 《职业健康安全管理体系》（GB/T 28001-2011）

本标准规定了对职业健康安全管理体系的要求，旨在使组织能够控制其职业健康安全风险，并改进其职业健康安全绩效。它既不规定具体的职业健康安全绩效准则，也不提供详细的管理体系设计规范。本标准适用于任何有下列愿望的组织：① 建立职业健康安全管理体系，以消除或尽可能降低可能暴露于与组织活动相关的职业健康安全危险源中的员工和其他相关方所面临的风险。② 实施、保持和持续改进职业健康安全管理体系。③ 确保组织自身符合其所阐明的职业健康安全方针。④ 通过下列方式来证实符合本标准：做出自我评价和自我声明；寻求与组织有利益关系的一方（如顾客等）对其符合性的确认；寻求组织外部一方对其自我声明的确认；寻求外部组织对其职业健康安全管理体系的认证。本标准中的所有要求旨在被纳入到任何职业健康安全管理体系中。其应用程度取决于组织的职业健康安全方针、活动性质、运行的风险与复杂性等因素。本标准旨在针对职业健康安全，而非诸如员工健身或健康计划、产品安全、财产损失或环境影响等其他方面的健康和安全。

[3]1.2.6.6 《职业健康安全管理体系指南》（GB/T 28002-2011）

本标准为 GB/T 28001-2011 的应用提供了基本建议。本标准包括：范围；规范性引用文件；术语和定义；职业健康安全管理体系要求。

[3]1.2.6.7 《建设工程监理规范》（GB 50319-2013）

本规范包括：总则；术语；项目监理机构及其设施；监管规划及其实施细则；质量、造价、进度控制及安全生产管理的监理工作；工程变更；索赔及施工合同争议；监理文件资料管理；设备采购与设备监造；相关服务。

[3]1.2.6.8 《建设工程项目管理规范》（GB/T 50326-2006）

本标准适用于新建、扩建、改建等建设工程有关各方的项目管理。本标准包括：总则；

术语；项目管理范围；项目管理规划；项目管理组织；项目经理责任制；项目合同管理；项目采购管理；项目进度管理；项目质量管理；项目职业健康安全管理；项目环境管理；项目成本管理；项目资源管理；项目信息管理；项目风险管理；项目沟通管理；项目收尾管理。

[3]1.2.6.9 《建筑工程施工质量评价标准》（GB/T 50375-2006）

本标准为促进工程质量管理工作的开展，统一建筑工程施工质量评价的基本指标和方法，鼓励施工企业创优，规范创优活动而制定。本标准适用于建筑工程在工程质量合格后的施工质量验收优良评价。工程创优活动应在优良评价的基础上进行。本规范包括：总则；术语；基本规定；施工现场质量保证条件评价；地基及桩基工程质量评价；装饰装修工程质量评价；安装工程质量评价；单位工程综合质量评价。

[3]1.2.6.10 《工程建设施工企业质量管理规范》（GB/T 50430-2007）

本规范适用于施工企业的质量管理活动。本规范包括：总则；术语；质量管理基本要求；组织机构和职责；人力资源管理；施工机具管理；投标及合同管理；建筑材料、构配件和设备管理；分包管理；工程项目施工质量管理；施工质量检查与验收；质量管理自查与评价；质量信息和质量管理改进。

[3]1.2.6.11 《建筑施工组织设计规范》（GB/T 50502-2009）

本规范适用于新建、扩建和改建等建筑工程的施工组织设计的编制与管理。本规范包括：总则；术语；基本规定；施工组织总设计；单位工程施工组织设计；施工方案；主要施工管理计划。

[3]1.2.6.12 《建筑工程绿色施工评价标准》（GB/T 50640-2010）

本标准适用于建筑工程绿色施工的评价。本标准包括：总则；术语；基本规定；评价框架体系；环境保护评价指标；节材与材料资源利用评价指标；节水与水资源利用评价指标；节能与能源利用评价指标；节地与土地资源保护评价指标；评价方法；评价组织和程序。

[3]1.2.6.13 《节能建筑评价标准》（GB/T 50668-2011）

本标准适用于新建、改建和扩建的居住建筑和公共建筑的节能评价。本标准包括：总则；术语；基本规定；居住建筑；公共建筑。

[3]1.2.6.14 《施工企业安全生产评价标准》（JGJ/T 77-2010）

本标准适用于对施工企业进行安全生产条件和能力的评价。本规范包括：总则；术语；评价内定；评价方法；评价等级。

[3]1.2.6.15 《施工企业工程建设技术标准化管理规范》（JGJ/T 198-2010）

本规范适用于施工企业技术创新，不断提高工程建设技术标准化的管理活动。本规范包括：总则；术语；基本规定；工程建筑标准化工作体系；工程建设标准实施；工程建设标准实施的监督检查；施工企业技术标准编制。

[3]1.2.7 建筑施工档案管理通用标准

[3]1.2.7.1 《城市建设档案著录规范》（GB/T 50323-2001）

本规范适用于各类城建档案的著录工作，不适宜用作城建档案目录的组织方法。本规范包括：总则；术语、符号；基本规定；著录项目；著录格式。

[3]1.2.7.2 《建设工程文件归档整理规范》（GB/T 50328-2001）

本规范适用于建设工程文件的归档整理以及建设工程档案的验收。专业工程按有关规定执行。本规范包括：总则；术语；基本规定；工程文件的归档范围及质量要求；工程文件的立卷；工程文件的归档；工程档案的验收与移交。

[3]1.2.7.3 《建设电子文件与电子档案管理规范》（CJJ/T 117-2007）

本规范适用于建设系统业务管理电子文件和建设工程电子文件的归档和管理。本规范包括：代码标识；格式与载体；电子文件的收集与积累；电子文件的整理、鉴定与归档；电子档案的验收与移交；电子档案的管理。

[3]1.2.7.4 《城建档案业务管理规范》（CJJ/T 158-2011）

本规范适用于城建档案管理机构、建设系统各行业管理部门和建设工程档案形成单位相关人员。本规范包括：总则；术语；基本规定；业务指导；收集与移交；整理；编目；统计；鉴定；保管与保护；电子文件与电子档案管理；声像档案管理；信息化与信息安全；档案编研；信息公开与服务；综合评估体系。

[3]1.2.7.5 《建筑工程资料管理规程》（JGJ/T 185-2009）

本规程适用于新建、改建、扩建建筑工程的资料管理。本规范包括：总则；术语；基本规定；工程资料。

[3]1.2.8 建筑模数协调通用标准

[3]1.2.8.1 《建筑模数协调统一标准》（GBJ 2-86）

本标准适用于：一般民用与工业建筑物的设计；房屋建筑中采用的各种建筑制品、构配件、组合件的尺寸及设备、储藏单元和家具等的协调尺寸；编制一般民用与工业建筑物有关标准、规范和标准设计。本标准包括：总则；模数；模数协调原则。

[3]1.3 专用标准

[3]1.3.1 建筑施工技术专用标准

[3]1.3.1.1 《钢筋混凝土升板结构技术规范》（GBJ 130-1990）

本规范适用于屋面高度不超过 50 m 和设防烈度不超过 8 度的工业与民用建筑的钢筋混凝土升板结构的设计与施工。

[3]1.3.1.2 《焊缝坡口的基本形式和尺寸》（GB/T 985.2-2008）

本规范规定了埋弧焊接钢材的坡口形式和尺寸，适用于埋弧焊工艺方法。

[3]1.3.1.3 《房间空气调节器能效限定值及能效等级》（GB 12021.3-2010）

本标准规定了房间空气调节器的能效限定值、节能评价值、能效等级的判定方法、试验方法及检验规则。本标准适用于采用空气冷却冷凝器、全封闭型电动机-压缩机、制冷量在 14 kW 及以下、气候类型为 T1 的空调器。

[3]1.3.1.4 《建筑施工场界环境噪声排放标准》（GB 12523-2011）

本标准规定了建筑施工场界环境噪声排放限值及测量方法。本标准适用于周围有噪声敏感建筑物的建筑施工噪声排放的管理、评价及控制。市政、通信、交通、水利等其他类型的施工噪声排放可参照本标准执行。

[3]1.3.1.5 《网络计划技术 第 2 部分：网络图画法的一般规定》（GB/T 13400.2-2009）

本标准规定了网络计划技术中网络图的一般画法与标识，适用于计划管理工作中网络计划技术的网络图的编制。

[3]1.3.1.6 《网络计划技术 第 3 部分：在项目管理中应用的一般程序》（GB/T 13400.3-2009）

本标准规定了网络计划技术在项目管理中应用的一般程序，适用于各领域项目的管理。

[3]1.3.1.7 《预应力混凝土空心板》（GB/T 14040-2007）

本标准规定了预应力混凝土空心板的规格尺寸与标记、要求、试验方法、检验规则、标志、堆放与运输、产品合格证。本标准适用于采用先张法工艺生产的预应力混凝土空心板，用作一般房屋建筑的楼板和屋面板。

[3]1.3.1.8 《叠合板用预应力混凝土底板》（GB/T 16727-2007）

本标准规定了叠合板用预应力混凝土底板的分类及规格、标记、要求、试验、检验方法、检验规则、标志、堆放与运输、产品合格证。本标准适用于房屋建筑楼盖与屋盖叠合板用预应力混凝土底板，包括叠合板用预应力混凝土实心底板和叠合板用预应力混凝土空心底板。

[3]**1.3.1.9**　《预应力混凝土肋形屋面板》（GB/T 16728-2007）

本标准规定了预应力混凝土肋形屋面板的分类和标记、要求、试验、检验方法、检验规则、标志、堆放与运输、产品合格证。本标准适用于工业建筑跨度为 6 m 的屋盖中铺设有防水层、采用先张法的预应力混凝土肋形屋面板。普通混凝土肋形屋面板可参照使用，民用建筑中的肋形屋面板可参考使用。

[3]**1.3.1.10**　《全球定位系统（GPS）测量规范》（GB/T 18314-2009）

本标准规定了利用全球定位系统（GPS）静态测量技术，建立 GPS 控制网的布设原则、测量方法、精度指标和技术要求。本标准适用于国家和局部 GPS 控制网的设计、布测和数据处理。

[3]**1.3.1.11**　《多联式空调（热泵）机组能效限定值及能源效率等级》（GB 21454-2008）

本标准规定了多联式空调（热泵）机组的制冷综合性能系数（IPLV（C））限定值、节能评价值、能源效率等级的判定方法、试验方法及检验规则。本标准适用于气候类型为 T1 的多联式空调（热泵）机组，不适用于双制冷循环系统和多制冷循环系统的机组。

[3]**1.3.1.12**　《室内木质地板安装配套材料》（GB/T 24599-2009）

本标准适用于实木地板、竹地板、浸渍纸层压木质地板、实木复合地板、软木地板、软木复合地板、竹木复合地板和地采暖用地板等各类木质地板的室内安装配套材料。

[3]**1.3.1.13**　《冷弯薄壁型钢结构技术规范》（GB 50018-2002）

本规范适用于建筑工程的冷弯薄壁型钢结构的设计与施工。

[3]**1.3.1.14**　《锚杆喷射混凝土支护技术规范》（GB 50086-2001）

本标准适用于矿山井巷、交通隧道、水工隧道、水工隧洞和各类洞室等地下工程锚喷支护的设计与施工，也适用于各类岩土边坡锚喷支护的施工。

[3]**1.3.1.15**　《地下工程防水技术规范》（GB 50108-2008）

本规范适用于工业与民用建筑地下工程、防护工程、市政隧道、山岭及水底隧道、地下铁道、公路隧道等地下工程防水的设计和施工。

[3]**1.3.1.16**　《膨胀土地区建筑技术规范》（GB 50112-2013）

本标准适用于膨胀土地区建筑工程的勘察、设计、施工和维护管理。

[3]**1.3.1.17**　《滑动模板工程技术规范》（GB 50113-2005）

本标准适用于采用滑模工艺建造的混凝土结构工程的设计与施工。本标准包括：筒体结构、框架结构、墙板结构以及有关特种滑模工程。

[3]**1.3.1.18**　《土工试验方法标准》（GB/T 50123-1999）

本标准适用于工业和民用建筑、水利、交通等各类工程的地基土及填筑土料的基本工程性质试验。

[3]1.3.1.19 《汽车加油加气站设计与施工规范》（GB 50156-2012）

　　本规范适用于新建、扩建和改建的汽车加油站、加气站和加油加气合建站工程的设计和施工。

[3]1.3.1.20 《古建筑木结构维护与加固技术规范》（GB 50165-92）

　　本规范适用于古建筑木结构及其相关工程的检查、维护与加固。

[3]1.3.1.21 《蓄滞洪区建筑工程技术规范》（GB 50181-1993）

　　本规范适用于蓄滞洪区建筑工程规划和建筑设计水深不大于 8 m 地区的建筑物（构筑物）抗洪设计和施工。

[3]1.3.1.22 《组合钢模板技术规范》（GB 50214-2013）

　　本规范适用于工业与民用建筑及一般构筑物的现浇混凝土工程和预制混凝土构件所用的组合钢模板的设计、制作、施工和验收。

[3]1.3.1.23 《土工合成材料应用技术规范》（GB 50290-1998）

　　本规范适用于水利、铁路、公路、水运、建筑等工程中应用土工合成材料的设计、施工及验收。

[3]1.3.1.24 《供水管井技术规范》（GB 50296-99）

　　本规范适用于生活用水和工业生产用水管井工程的设计、施工及验收。

[3]1.3.1.25 《城市轨道交通工程测量规范》（GB 50308-2008）

　　本规范适用于城市轨道交通新建和旧线改造及运营期间的工程测量。

[3]1.3.1.26 《住宅装饰装修工程施工规范》（GB 50327-2001）

　　本规范适用于住宅建筑内部的装饰装修工程施工。

[3]1.3.1.27 《医院洁净手术部建筑技术规范》（GB 50333-2013）

　　本规范适用于医院新建、改建、扩建的洁净手术部（室）工程。

[3]1.3.1.28 《混凝土电视塔结构技术规范》（GB 50342-2003）

　　本规范适用于混凝土电视塔结构的设计和施工。

[3]1.3.1.29 《建筑物电子信息系统防雷技术规范》（GB 50343-2012）

　　本规范适用于新建、改建和扩建的建筑物电子信息系统防雷的设计、施工、验收、维护和管理。

[3]1.3.1.30 《生物安全实验室建筑技术规范》（GB 50346-2011）

　　本规范适用于新建、改建和扩建的生物安全实验室的设计、施工和验收。

[3]1.3.1.31 《建筑给水聚丙烯管道工程技术规范》（GB/T 50349-2005）

本标准适用于新建、扩建、改建工业与民用建筑内生活给水、热水和饮用净水管道系统的设计、施工及验收。建筑给水聚丙烯管道不得在建筑物内与消防给水管相连。

[3]1.3.1.32 《木骨架组合墙体技术规范》（GB/T 50361-2005）

本规范适用于住宅建筑、办公楼和《建筑设计防火规范 GB 50016 规定的丁、戊类工业建筑的非承重墙体的设计、施工、验收和维护管理。按本规范设计时，荷载应按现行国家标准《建筑结构荷载规范》GB 50009 的规定执行。

[3]1.3.1.33 《节水灌溉工程技术规范》（GB/T 50363-2006）

本规范适用于新建、扩建或改建的农、林、牧业，城市绿地、生态环境等节水灌溉工程的规划、设计、施工、验收、管理和评价。

[3]1.3.1.34 《民用建筑太阳能热水系统应用技术规程》（GB 50364-2005）

本规范适用于城镇中使用太阳能热水系统的新建、扩建和改建的民用建筑，以及改造既有建筑上已安装的太阳能热水系统和在既有建筑上增设太阳能热水系统。

[3]1.3.1.35 《地源热泵系统工程技术规程》（GB 50366-2005）

本规范适用于以岩土体、地下水、地表水为低温热源，以水或添加防冻剂的水溶液为传热介质，采用蒸汽压缩热泵技术进行供热、空调或加热生活热水的系统工程的设计、施工及验收。

[3]1.3.1.36 《通信管道工程施工及验收规范》（GB 50374-2006）

本规范适用于新建、扩建、改建通信管道工程的施工和验收。

[3]1.3.1.37 《冶金电气设备工程安装验收规范》（GB 50397-2007）

本规范适用于冶金企业新建、扩建和改建的额定电压为 500 kV 及以下的电气设备安装工程的施工质量的验收。国外引进电气设备的验收应按合同规定执行。

[3]1.3.1.38 《建筑与小区雨水利用工程技术规范》（GB 50400-2006）

本规范适用于民用建筑、工业建筑与小区雨水利用工程的规划、设计、施工、验收、管理与维护。本规范包括：总则；术语与符号；水量与水质；系统设置；雨水收集；土壤入渗和蓄存排放；雨水储存与回用系统；水质处理；蓄存排放；施工安装；工程验收；运行管理。

[3]1.3.1.39 《硬泡聚氨酯保温防水工程技术规范》（GB 50404-2007）

本规范适用于新建、改建、扩建的民用建筑、工业建筑及既有建筑改造的硬泡聚氨酯保温防水工程的设计、施工和质量验收。

[3]1.3.1.40 《预应力混凝土路面工程技术规范》（GB 50422-2007）

本规范适用于新建无粘结预应力混凝土路面的设计、施工及验收。

[3]1.3.1.41 《城市消防远程监控系统技术规范》（GB 50440-2007）

本规范适用于远程监控系统的设计、施工验收及运行维护。

[3]1.3.1.42 《建筑灭火器配置验收及检查规范》（GB 50444-2008）

本规范适用于工业与民用建筑中灭火器的安装设置、验收、检查和维护。

[3]1.3.1.43 《实验动物设施建筑技术规范》（GB 50447-2008）

本规范适用于新建、改建、扩建的实验动物设施的设计、施工、工程检测和工程验收。

[3]1.3.1.44 《电力系统继电保护及自动化设备柜（屏）工程技术规范》（GB/T 50479-2011）

本规范适用于电力系统继电保护及自动化设备柜（屏）的选型、安装、试验和验收。

[3]1.3.1.45 《太阳能供热采暖工程技术规范》（GB 50495-2009）

本规范适用于在新建、扩建和改建建筑中使用太阳能供热采暖系统的工程，以及在既有建筑上改造或增设太阳能供热采暖系统的工程。

[3]1.3.1.46 《大体积混凝土施工规范》（GB 50496-2009）

本规范适用于工业与民用建筑混凝土结构工程中大体积混凝土工程的施工，不适用于碾压混凝土和水工大体积混凝土工程的施工。

[3]1.3.1.47 《建筑基坑工程监测技术规范》（GB 50497-2009）

本规范适用于一般土及软土建筑基坑工程监测，不适用于沿途建筑基坑工程以及冻土、膨胀土、湿陷性黄土等特殊土和侵蚀性环境的建筑基坑工程监测。

[3]1.3.1.48 《公共广播系统工程技术规范》（GB 50526-2010）

本规范适用于新建、改建和扩建的公共广播系统工程电声工程部分的设计、施工和验收。

[3]1.3.1.49 《城市轨道交通线网规划编制标准》（GB/T 50546-2009）

本标准适用于全国大城市的城市轨道交通线网规划编制。

[3]1.3.1.50 《环氧树脂自流平地面工程技术规范》（GB/T 50589-2010）

本规范适用于新建、改建、扩建工程中环氧树脂自流平地面工程的设计、施工及质量验收。

[3]1.3.1.51 《乙烯基酯树脂防腐蚀工程技术规范》（GB/T 50590-2010）

本规范适用于新建、改建、扩建的乙烯基酯树脂防腐蚀工程的设计、施工及质量验收。

[3]1.3.1.52 《雨水集蓄利用工程技术规范》（GB/T 50596-2010）

本规范适用于地表水和地下水缺乏或开发利用困难，且多年平均降水量大于 250 mm 的半干旱地区和经常发生季节性缺水的湿润、半湿润山丘地区，以及海岛和沿海地区雨水集蓄利用工程的规划、设计、施工、验收和管理。

[3]**1.3.1.53** 《渠道防渗工程技术规范》（GB/T 50600-2010）

本规范适用于新建、扩建或改建的农田灌溉、发电引水，供水、排污等渠道防渗工程的规划、设计、施工、验收、测验和管理。

[3]**1.3.1.54** 《特种气体系统工程技术规范》（GB 50646-2011）

本规范适用于新建、改建和扩建的电子工厂的特种气体系统工程的设计、施工和验收，不适用于特种气体的制取、提纯、灌装系统的设计、施工和验收。本规范包括：总则；术语；特种气体站房；特种气体工艺系统；硅烷站；特种气体管道输送系统；建筑结构；电气与防雷；生命安全系统；给水排水及消防；采暖通风与空气调节；特种气体系统工程施工；特种气体系统验收。

[3]**1.3.1.55** 《钢结构焊接规范》（GB 50661-2011）

本规范适用于工业与民用钢结构工程中承受静荷载或动荷载、钢材厚度不小于 3 mm 的结构焊接。

[3]**1.3.1.56** 《预制组合立管技术规范》（GB 50682-2011）

本规范适用于高层、超高层建筑中预制组合立管的设计、施工及验收。

[3]**1.3.1.57** 《食品工业洁净用房建筑技术规范》（GB 50687-2011）

本规范适用于食品加工和生产的新建、改建和扩建厂房中洁净用房的设计、施工、工程检测和工程验收。

[3]**1.3.1.58** 《坡屋面工程技术规范》（GB 50693-2011）

本规范适用于新建、扩建和改建的工业建筑、民用建筑坡屋面工程的设计、施工和质量验收。

[3]**1.3.1.59** 《液压振动台基础技术规范》（GB 50699-2011）

本规范适用于车辆道路模拟、建（构）筑物地震模拟等试验中使用的液压振动台地基基础的勘察、设计、测试、施工和验收。

[3]**1.3.1.60** 《胶合木结构技术规范》（GB/T 50708-2012）

本规范适用于建筑工程中承重胶合木结构的设计、生产制作和安装。

[3]**1.3.1.61** 《电磁屏蔽室工程技术规范》（GB/T 50719-2011）

本规范适用于新建、改建和扩建工程中电磁屏蔽室的设计、施工和验收。

[3]**1.3.1.62** 《复合土钉墙基坑支护技术规范》（GB 50739-2011）

本规范适用于建筑与市政工程中复合土钉墙基坑支护工程的勘察、设计、施工、检测和监测。

[3]1.3.1.63 《医用气体工程技术规范》（GB 50751-2012）

本规范适用于医疗卫生机构中新建、改建或扩建的集中供应医用气体工程的设计、施工及验收。

[3]1.3.1.64 《钢制储罐地基处理技术规范》（GB/T 50756-2012）

本规范适用于储存原油、石化液态产品及其他类似液体的立式圆筒形钢制储罐地基处理的设计、施工和质量验收。

[3]1.3.1.65 《民用建筑太阳能空调工程技术规范》（GB 50787-2012）

本规范适用于在新建、扩建和改建民用建筑中使用以热力制冷为主的太阳能空调系统工程，以及在既有建筑上改造或增设的以热力制冷为主的太阳能空调系统工程。

[3]1.3.1.66 《城镇给水排水技术规范》（GB 50788-2012）

本规范适用于城镇给水、城镇排水、污水再生利用和雨水利用相关系统和设施的规划、勘察、设计、施工、验收、运行、维护和管理等。

[3]1.3.1.67 《消声室和半消声室技术规范》（GB 50800-2012）

本规范适用于新建、改建的消声室和半消声室工程的设计、施工及安装。

[3]1.3.1.68 《租赁模板脚手架维修保养技术规范》（GB 50829-2013）

本规范适用于建筑施工周转使用的全钢大模板及其配套模板、组合钢模板、钢框胶合板模板、碗扣式钢管脚手架构件、扣件式钢管脚手架构件、承插型盘扣式钢管脚手架构件、门式钢管脚手架构配件，以及钢管脚手架配件的维护、维修、保养和检验。

[3]1.3.1.69 《城市综合管廊工程技术规范》（GB 50838-2012）

本规范适用于城镇新建、扩建、改建的市政公用管线采用综合管廊敷设方式的工程。

[3]1.3.1.70 《矿浆管线施工及验收规范》（GB 50840-2012）

本规范适用于新建、改建和扩建钢制管道的矿浆管线工程，包括在产地、储存库、使用单位之间的管道安装工程的施工及验收，不适用于场、站内管道安装工程。本规范包括：总则；术语；基本规定；测量放线及施工作业带清理；材料及管线附件验收；布管；管沟；管线焊接与验收；管线下沟及管沟回填；管线防腐及补口、补伤；管线穿越工程；管线清管、测径和试压；管线附属工程；安全与环境；工程交工验收。

[3]1.3.1.71 《建筑边坡工程鉴定与加固技术规范》（GB 50843-2013）

本规范适用于岩质边坡高度为 30 m 以下（含 30 m）、土质边坡高度为 15 m 以下（含 15 m）的既有建筑边坡工程和岩质基坑边坡的鉴定和加固。超过上述高度的边坡加固工程以及地质和环境条件复杂的边坡加固工程除应符合本规范外，还应进行专项设计，采取有效、可靠的加固处理措施。

[3]**1.3.1.72** 《疾病预防控制中心建筑技术规范》（GB 50881-2013）

本规范适用于疾控中心建筑的新建、改建和扩建工程的建筑设计、施工和验收。本规范不适用于生物安全四级实验室。

[3]**1.3.1.73** 《钢-混凝土组合结构施工规范》（GB 50901-2013）

本规范适用于工业与民用房屋和一般构筑物的钢与混凝土组合结构工程施工与验收。

[3]**1.3.1.74** 《建筑排水塑料管道工程技术规程》（CJJ/T 29-2010）

本规程适用于建筑物高度不大于 100 m 的新建、改建、扩建工业与民用建筑的生活排水、一般屋面雨水重力排水和家用空调机组的凝结水排水的塑料管道工程设计、施工及验收。

[3]**1.3.1.75** 《城镇道路养护技术规范》（CJJ 36-2006）

本规范适用于竣工验收后交付使用的城镇道路的养护。城镇道路中的桥梁养护应符合国家现行标准《城市桥梁养护技术规范》CJJ99 的规定。

[3]**1.3.1.76** 《生活垃圾转运站技术规范》（CJJ 47-2006）

本规范适用于新建、改建和扩建转运站工程的规划、设计、施工及验收。

[3]**1.3.1.77** 《民用房屋修缮工程施工规程》（CJJ/T 53-1993）

本规程适用于城镇现有民用低层和多层房屋的修缮工程施工。

[3]**1.3.1.78** 《城市地下管线探测技术规程》（CJJ 61-2003）

本规程适用于城市市政建设和管理的各种不同用途的金属、非金属管道及电缆等地下管线的探查、测绘及其信息管理系统的建设。

[3]**1.3.1.79** 《路面稀浆罩面技术规程》（CJJ/T 66-2011）

本规程适用于新建、改建、养护及预防性养护的城镇道路、广场、桥面、隧道等沥青、水泥路面稀浆罩面的设计、施工及验收。

[3]**1.3.1.80** 《城市排水管渠与泵站维护技术规程》（CJJ 68-2007）

本规程适用于城镇排水管渠和排水泵站的维护。

[3]**1.3.1.81** 《城市人行天桥与人行地道技术规范》（CJJ 69-95）

本规范适用于城市中跨越或下穿道路的天桥或地道的设计与施工。郊区公路、厂矿及居住区的天桥与地道可参照使用。

[3]**1.3.1.82** 《无轨电车供电线网工程施工及验收规范》（CJJ 72-1997）

本规范适用于直流系统额定电压 750 V 及以下城市市区和市郊新建无轨电车供电线网工程和已建线网大修工程的施工及验收。

[3]1.3.1.83 《卫星定位城市测量技术规范》（CJJ/T 73-2010）

本规范适用于城市各等级控制测量、工程测量、变形测量和地形测量等。

[3]1.3.1.84 《城市地下水动态观测规程》（CJJ 76-2012）

本规程适用于城市的规划、建设、防灾减灾、地下水环境评价、地下水资源管理与保护等的地下水动态观测。

[3]1.3.1.85 《城镇燃气埋地钢质管道腐蚀控制技术规程》（CJJ 95-2013）

本规程适用于城镇燃气埋地钢质管道外腐蚀控制工程的设计、施工、验收和管理。本规程包括：总则；术语；一般规定；腐蚀评价；防腐层；阴极保护；干扰腐蚀的保护；在役管道腐蚀控制工程的管理。

[3]1.3.1.86 《建筑给水硬聚乙烯类管道工程技术规范》（CJJ/T 98-2003）

本规程适用于新建、改建和扩建的工业与民用建筑中聚乙烯类，包括聚乙烯（PE）、交联聚乙烯（PE-X）和耐热聚乙烯（PE-RT）的冷、热水管道系统设计、施工及验收。

[3]1.3.1.87 《城市桥梁养护技术规范》（CJJ 99-2003）

本规范适用于已竣工验收后交付使用的城市桥梁的养护。

[3]1.3.1.88 《城市基础地理信息系统技术规范》（CJJ 100-2004）

本规范适用于城市基础地理信息系统中城市空间基础数据的获取、加工、建库、更新和系统建设、管理、维护及数据分发服务等工作。

[3]1.3.1.89 《城镇供热直埋蒸汽管道技术规程》（CJJ 104-2005）

本规程适用于工作压力小于或等于 1.6 MPa，温度小于或等于 350 ℃，直接埋地敷设的保温蒸汽管道的设计、施工、验收及运行维护。

[3]1.3.1.90 《管道直饮水系统技术规程》（CJJ 110-2006）

本规程适用于各类工业与民用建筑的新建、改建和扩建工程以及商业街道、公众广场及其他公共活动场所的管道直饮水设计和施工。

[3]1.3.1.91 《预应力混凝土桥梁预制节段逐跨拼装施工技术规程》（CJJ/T 111-2006）

本规程适用于预应力混凝土桥梁预制节段逐跨拼装的施工。

[3]1.3.1.92 《生活垃圾卫生填埋场封场技术规程》（CJJ 112-2007）

本规程适用于生活垃圾卫生填埋场。简易垃圾填埋场可参照执行。

[3]1.3.1.93 《生活垃圾卫生填埋场防渗系统工程技术规范》（CJJ 113-2007）

本规范适用于垃圾填埋场防渗系统工程的设计、施工、验收及维护。

[3]1.3.1.94 《城镇排水系统电气与自动化工程技术规程》（CJJ 120-2008）

本规程适用于城镇雨水与污水泵站、污水处理厂的供配电系统和自动化运行系统以及排水泵站群的数据采集和控制系统或区域排水工程的中央监控系统的设计、施工、验收。

[3]**1.3.1.95** 《游泳池给水排水工程技术规程》（CJJ 122-2008）

本规程适用于原水水质为淡水的新建、扩建和改建的游泳池给水排水工程设计、施工、验收、运行维护和管理。

[3]**1.3.1.96** 《镇（乡）村给水工程技术规程》（CJJ 123-2008）

本规程适用于供水规模不大于 5 000 m^3/d 的镇（乡）村永久性室外给水工程。

[3]**1.3.1.97** 《镇（乡）村排水工程技术规程》（CJJ 124-2008）

本规程适用于县城以外且规划设施服务人口 50 000 人以下的镇（乡）和村的新建、扩建和改建的排水工程。

[3]**1.3.1.98** 《建筑排水金属管道工程技术规程》（CJJ 127-2009）

建筑排水金属管道可用于新建、扩建和改建的工业和民用建筑中对金属无侵蚀作用的污废水管道、通气管道、空调冷凝水管道、雨水管道等排水工程。

本规程适用于以上建筑排水金属管道工程的设计、施工与质量验收。

[3]**1.3.1.99** 《建筑垃圾处理技术规范》（CJJ 134-2009）

本规范适用于建筑垃圾的收集、运输、转运、利用、回填、填埋的规划、设计和管理。

[3]**1.3.1.100** 《透水水泥混凝土路面技术规程》（CJJ/T 135-2009）

本规程适用于新建的城镇轻荷载道路、园林中的轻型荷载道路、广场和停车场等透水水泥混凝土路面的设计、施工、验收和维护。

[3]**1.3.1.101** 《城镇地热供热工程技术规程》（CJJ 138-2010）

本规程适用于以地热井提取地热流体为热源的城镇供热工程的规划、设计、施工、验收及运行管理。

[3]**1.3.1.102** 《城市桥梁桥面防水工程技术规程》（CJJ 139-2010）

本规程适用于基层为混凝土桥面板或整平层的城市桥梁混凝土桥面防水工程的设计、施工和质量验收。

[3]**1.3.1.103** 《城镇燃气报警控制系统技术规程》（CJJ/T 146-2011）

本规程适用于城镇燃气报警控制系统的设计、安装、验收、使用和维护。

[3]**1.3.1.104** 《城镇燃气管道非开挖修复更新工程技术规程》（CJJ/T 147-2010）

本规程适用于采用插入法、折叠管内衬法、缩径内衬法、静压裂管法和翻转内衬法对工作压力不大于 0.4 MPa 的在役燃气管道进行沿线修复更新的工程设计、施工及验收。

[3]**1.3.1.105** 《城市户外广告设施技术规范》（CJJ 149-2010）

本规范适用于城市户外广告设施、城市之间交通干道周边的户外广告设施的设置。本规范包括：总则；基本规定；设置要求；照明；材料选用；设计；施工及验收；维护和检测。

[3]1.3.1.106 《城镇燃气标志标准》（CJJ/T 153-2010）

本标准适用于城镇燃气生产、输配系统及各类燃气相关场所图形标志及其制作、使用和维护管理。

[3]1.3.1.107 《建筑给水金属管道工程技术规程》（CJJ/T 154-2011）

本规程适用于新建、扩建和改建的民用和工业建筑给水金属管道工程的设计、施工及质量验收。

[3]1.3.1.108 《建筑给水复合管道工程技术规程》（CJJ/T 155-2011）

本规程适用于新建、扩建和改建的民用和工业建筑给水复合管道工程的设计、施工及质量验收。

[3]1.3.1.109 《城镇供水管网漏水探测技术规程》（CJJ 159-2011）

本规程适用于城镇供水管网的漏水探测。

[3]1.3.1.110 《公共浴场给水排水工程技术规程》（CJJ 160-2011）

本规程适用于新建、扩建和改建的营业性公共浴场和社团性公共浴场的给水排水工程设计、施工、质量验收、运行维护及管理。

[3]1.3.1.111 《污水处理卵形消化池工程技术规程》（CJJ 161-2011）

本规程适用于后张法预应力污水处理卵形消化池工程的设计、施工及质量验收。

[3]1.3.1.112 《村庄污水处理设施技术规程》（CJJ/T 163-2011）

本规程适用于规划服务人口在 5 000 人以下村庄以及分散农户新建、扩建和改建的生活污水处理及其设施的设计、施工和质量验收。

[3]1.3.1.113 《建筑排水复合管道工程技术规程》（CJJ/T 165-2011）

本规程适用于新建、扩建、改建的民用和工业建筑生活排水系统和屋面雨水排水系统中使用涂塑钢管、衬塑钢管、涂塑铸铁管、钢塑复合螺旋管、加强型钢塑复合螺旋管的管道工程的设计、施工及质量验收。

[3]1.3.1.114 《镇（乡）村绿地分类标准》（CJJ/T 168-2011）

本标准适用于镇（乡）和村的绿地规划和管理。

[3]1.3.1.115 《生活垃圾卫生填埋场岩土工程技术规范》（CJJ 176-2012）

本规范适用于填埋场库区工程的岩土工程设计、施工与运行安全监测。

[3]1.3.1.116 《气泡混合轻质土填筑工程技术规程》（CJJ/T 177-2012）

本规程适用于道路工程、建筑工程等领域的气泡混合轻质土设计、施工及检验。本规程包括：总则；术语和符号；材料及性能；设计；配合比；工程施工；质量检验与验收。

[3]1.3.1.117 《生活垃圾收集站技术规程》（CJJ 179-2012）

本规程适用于新建、扩建和改建收集站（点）的规划、设计、建设、验收、运行及维护。

[3]1.3.1.118 《城市轨道交通站台屏蔽门系统技术规范》（CJJ 183-2012）

本规范适用于城市轨道交通工程新建、既有线加装及更新改造屏蔽门系统的设计、安装、验收、保养与维护。

[3]1.3.1.119 《城镇供热系统节能技术规范》（CJJ/T 185-2012）

本规范适用于供应民用建筑采暖的新建、扩建、改建的集中供热系统，包括供热热源、热力网、热力站、街区供热管网及室内采暖系统的规划、设计、施工、调试、验收、运行管理中与能耗有关的部分。

[3]1.3.1.120 《建设电子档案元数据标准》（CJJ/T 187-2012）

本标准适用于建设电子档案的形成、归档与管理过程中元数据的捕获和管理，也适用于其他不同载体的建设档案。

[3]1.3.1.121 《透水砖路面技术规程》（CJJ/T 188-2012）

本规程适用于采用透水砖铺装的轻型荷载道路、停车场和广场及人行道、步行街的设计、施工、验收和维护。

[3]1.3.1.122 《透水沥青路面技术规程》（CJJ/T 190-2012）

本规程适用于新建、扩建和改建城镇道路工程透水沥青路面的设计、施工、验收和养护。

[3]1.3.1.123 《浮置板轨道技术规范》（CJJ/T 191-2012）

本规范适用于新建或改建标准轨距城市轨道交通浮置板轨道的设计、施工与验收以及运营养护维修。

[3]1.3.1.124 《盾构可切削混凝土配筋技术规程》（CJJ/T 192-2012）

本规程适用于盾构可切削玻璃纤维筋混凝土临时结构配筋工程的设计、施工和质量验收。

[3]1.3.1.125 《城镇排水管道非开挖修复更新工程技术规程》（CJJ/T 210-2014）

本规程适用于城镇排水管道非开挖修复更新工程的设计、施工和验收。本规程包括：总则；术语和符号；基本规定；管道检测与清洗；设计；穿插法施工；原位固化法施工；碎（裂）管法施工；折叠内衬法施工；缩径内衬法施工；机械制螺旋缠绕法和管片内衬法施工；局部修复法施工；工程验收。

[3]1.3.1.126 《水工碾压混凝土施工技术规范》（DL/T 5112-2009）

本标准适用于大、中型水电水利工程中 1、2、3 级水工建筑物的碾压混凝土施工，其他工程的碾压混凝土施工可参照执行。

[3]1.3.1.127 《人工湿地污水处理工程技术规范》（HJ 2005-2010）

本标准规定了人工湿地污水处理工程的总体要求、工艺设计、施工与验收、运行与维护等技术要求。本标准适用于城镇生活污水、城镇污水处理厂出水及与生活污水性质相近的其他污水处理工程，可作为人工湿地污水处理工程设计、施工、建设项目竣工环境保护验收及建成后运行与维护的技术依据。

[3]1.3.1.128 《门式钢管脚手架》（JG 13-1999）

本标准规定了门式钢管脚手架的品种、规格、结构形式、技术要求、试验方法、检验规则和产品标志、包装、运输及储存的细则。本标准适用于土木建筑工程中内、外脚手和混凝土模板的支架等。

[3]1.3.1.129 《门式刚架轻型房屋钢构件》（JG 144-2002）

本标准规定了门式刚架轻型房屋钢构件的代号、要求、试验方法、检验规则、标志、包装、运输和储存等。本标准适用于一般工业与民用建筑的门式刚架轻型房屋钢构件，类似钢构件可参照使用。

[3]1.3.1.130 《现浇混凝土空心结构成孔芯模》（JG/T 352-2012）

本标准规定了现浇混凝土空心结构成孔芯模的术语和定义、分类和标记、一般要求、技术要求、试验方法、检验规则、标志、运输和储存。本标准适用于工业与民用建筑中现浇混凝土空心楼盖、空心墙体、人防工程、构筑物及桥梁工程等现浇混凝土空心结构用成孔芯模。

[3]1.3.1.131 《预制混凝土构件钢模板》（JG/T 3032-1995）

本标准规定了预制混凝土构件钢模板产品的分类、结构选型、技术要求、检验规则、标志、运输和储存。本标准主要适用于工业与民用建筑工程中预制混凝土和预应力混凝土构件的钢模板制造和验收，其他土木工程中类似的钢模板亦可参照本标准的有关条款执行。

[3]1.3.1.132 《装配式混凝土结构技术规程》（JGJ 1-2014）

本规程适用于非抗震设计及抗震设防烈度为 6～8 度抗震设计的乙类及乙类以下的装配式混凝土建筑结构，其中包括装配整体式混凝土建筑结构。各种类型的装配式混凝土建筑适用的最大高度应符合本规程的有关规定。本规程包括：总则；术语和符号；基本规定；材料；建筑设计；结构设计基本规定；框架结构设计；剪力墙结构设计；墙板结构设计；外挂墙板设计；构件制作与储运；构件安装与连接；工程验收。

[3]1.3.1.133 《高层建筑混凝土结构技术规程》（JGJ 3-2010）

本规程适用于 10 层及 10 层以上或房屋高度大于 28 m 的住宅建筑以及房屋高度大于 24 m 的其他高层民用建筑混凝土结构。非抗震设计和抗震设防烈度为 6～9 度抗震设计的高层民用建筑结构，其适用的房屋最大高度和结构类型应符合本规程的有关规定。本规程不适用于建造在危险地段以及发震断裂最小避让距离内的高层建筑结构。

[3]1.3.1.134 《高层建筑筏形与箱形基础技术规范》（JGJ 6-2011）

本规范适用于高层建筑筏形与箱形基础的设计、施工与监测。本规范包括：总则；术语和符号；基本规定；地基勘察；地基计算；结构设计与构造要求；施工；检测与监测。

[3]1.3.1.135 《混凝土小型空心砌块建筑技术规程》（JGJ/T 14-2011）

本规程适用于非抗震地区和抗震设防烈度为 6～9 度地区，以混凝土小型空心砌块为墙体材料的房屋建筑的设计、施工及工程质量验收。

[3]1.3.1.136 《蒸压加气混凝土建筑应用技术规程》（JGJ/T 17-2008）

本规程适用于在抗震设防烈度为 6～8 度的地震区以及非地震区使用强度等级为 A2.5 级及以上的蒸压加气混凝土砌块、强度等级为 A3.5 级以上的蒸压加气混凝土配筋板材的设计、施工及质量验收。

[3]1.3.1.137 《冷拔低碳钢丝应用技术规程》（JGJ 19-2010）

本规程适用于冷拔低碳钢丝的加工、验收及其在建筑工程、混凝土制品中的应用。本规程包括：总则；术语和符号；基本规定；钢丝焊接网；钢筋骨架。

[3]1.3.1.138 《V 形折板屋盖设计与施工规程》（JGJ/T 21-1993）

本规程适用于工业与民用建筑的折叠式钢筋混凝土和预应力混凝土 V 形折板屋盖的设计与施工。

[3]1.3.1.139 《建筑涂饰工程施工及验收规程》（JGJ/T 29-2003）

本规程适用于水泥砂浆抹灰基层、混合砂浆抹灰基层、混凝土基层、石膏板基层、装饰砂浆基层、黏土砖基层和旧涂层等基层上的涂饰工程施工及验收。

[3]1.3.1.140 《轻骨料混凝土技术规程》（JGJ 51-2002）

本规程适用于无机轻骨料混凝土及其制品的生产、质量控制和检验。

[3]1.3.1.141 《房屋渗漏修缮技术规程》（JGJ/T 53-2011）

本规程适用于既有房屋的屋面、外墙、厕浴间和厨房、地下室等渗漏修缮。

[3]1.3.1.142 《PY 型预钻式旁压试验规程》（JGJ 69-1990）

本规程适用于以 PY 型预钻式旁压仪对粘性土、粉土、砂土和强化风岩石等土层的测试；当采用其他型号的预钻式旁压仪时，可参照本规程的有关规定执行。

[3]**1.3.1.143** 《高层建筑岩土工程勘察规程》（JGJ 72-2004）

本规程适用于高层、超高层建筑和高耸构筑物的岩土工程勘察。对于有不良地质作用、地质灾害和特殊性岩土的场地和地基尚应符合现行有关标准的规定。

[3]**1.3.1.144** 《建筑工程大模板技术规程》（JGJ 74-2003）

本规程适用于多层和高层建筑及一般构筑物竖向结构现浇混凝土工程大模板的设计、制作与施工。

[3]**1.3.1.145** 《钢结构高强度螺栓连接技术规程》（JGJ 82-2011）

本规程适用于建筑钢结构工程中高强度螺栓连接的设计、施工与质量验收。

[3]**1.3.1.146** 《软土地区岩土工程勘察规程》（JGJ 83-2011）

本规程适用于软土地区的建筑场地和地基的岩土工程勘察。

[3]**1.3.1.147** 《预应力筋用锚具、夹具和连接器应用技术规程》（JGJ 85-2010）

本规程适用于预应力混凝土结构、房屋建筑预应力钢结构、岩锚和地锚等工程中预应力筋用锚具、夹具和连接器的应用。

[3]**1.3.1.148** 《建筑工程地质勘探与取样技术规程》（JGJ/T 87-2012）

本规程适用于建筑工程中的工程地质勘探与取样技术工作。

[3]**1.3.1.149** 《无粘结预应力混凝土结构技术规程》（JGJ 92-2004）

本规程适用于工业与民用建筑和一般构筑物中采用的无粘结预应力混凝土结构的设计、施工及验收。采用的无粘结预应力筋系指埋置在混凝土构件中者或体外束。

[3]**1.3.1.150** 《建筑桩基技术规范》（JGJ 94-2008）

本规范适用于建筑（包括构筑物）桩基的设计、施工及验收。

[3]**1.3.1.151** 《冷轧带肋钢筋混凝土结构技术规程》（JGJ 95-2011）

本规范适用于工业与民用建筑采用冷轧带肋钢筋配筋的钢筋混凝土结构和先张法预应力混凝土中、小型结构构件的设计与施工。

[3]**1.3.1.152** 《砌筑砂浆配合比设计规程》（JGJ/T 98-2010）

本规程适用于工业与民用建筑及一般构筑物中所采用的砌筑砂浆的配合比设计。

[3]**1.3.1.153** 《高层民用建筑钢结构技术规程》（JGJ 99-2012）

本规程适用于高度和结构类型符合其表 1.0.2 规定的非抗震设防和设防烈度为 6～9 度的乙类及以下高层民用建筑钢结构的设计和施工。

[3]**1.3.1.154** 《玻璃幕墙工程技术规范》（JGJ 102-2003）

本规范适用于非抗震设计和抗震设防烈度为 6～8 度抗震设计的民用建筑玻璃幕墙工程的设计、制作、安装施工、工程验收，以及保养和维修。

[3]1.3.1.155 《塑料门窗工程技术规程》（JGJ 103-2008）

本规程适用于未增塑聚氯乙烯（PVC-U）塑料门窗的设计、施工、验收及保养维修。

[3]1.3.1.156 《建筑工程冬期施工规程》（JGJ/T 104-2011）

本规程适用于工业与民用房屋和一般构筑物的冬期施工。

[3]1.3.1.157 《钢筋机械连接技术规程》（JGJ 107-2010）

本规程适用于房屋建筑与一般构筑物中各类钢筋机械连接接头的设计、应用与验收。

[3]1.3.1.158 《建筑与市政降水工程技术规范》（JGJ/T 111-1998）

本规范适用于新建、改建、扩建的建筑与市政降水工程。

[3]1.3.1.159 《钢筋焊接网混凝土结构技术规程》（JGJ 114-2014）

本规程适用于房屋建筑市政工程及一般构筑物采用钢筋焊接网配筋的混凝土结构的设计与施工。

[3]1.3.1.160 《冷轧扭钢筋混凝土构件技术规程》（JGJ 115-2006）

本规程适用于工业与民用建筑及一般构筑物中不直接承受动力荷载的冷轧扭钢筋混凝土受弯构件的设计与施工。

[3]1.3.1.161 《建筑抗震加固技术规程》（JGJ 116-2009）

本规程适用于抗震设防烈度为 6～9 度地区经抗震等鉴定后需要进行抗震加固的现有建筑的设计及施工。

[3]1.3.1.162 《建筑基坑支护技术规程》（JGJ 120-2012）

本规程适用于一般地质条件下临时性建筑基坑支护的勘察、设计、施工、检测、基坑开挖与监测。对湿陷性土、多年冻土、膨胀土、盐渍土等特殊土或岩石基坑，应结合当地工程经验应用本规程，并应符合相关技术标准的规定。

[3]1.3.1.163 《工程网络计划技术规程》（JGJ/T 121-1999）

本规程为使工程网络计划技术在工程计划编制与控制的实际应用中遵循统一的技术规定，概念正确，计算原则一致和表达方式统一，以保证计划管理的科学性而制定。

[3]1.3.1.164 《既有建筑地基基础加固技术规范》（JGJ 123-2012）

本规范适用于既有建筑因勘察、设计、施工或使用不当，增加荷载、纠倾、移位、改建、古建筑保护，遭受邻近新建建筑、深基坑开挖、新建地下工程或自然灾害的影响等需对其地基和基础进行加固的设计、施工和质量检验。

[3]1.3.1.165 《外墙饰面砖工程施工及验收规程》（JGJ 126-2000）

本规程适用于采用陶瓷砖、玻璃马赛克等材料作为外墙饰面材料，并采用满粘法施工的外墙饰面砖工程的设计、施工及验收。

[3]1.3.1.166 《既有居住建筑节能改造技术规程》（JGJ/T 129-2012）

本规程适用于各气候区既有居住建筑进行下列范围的节能改造：改善围护结构保温、隔热性能；提高供暖空调设备（系统）能效，降低供暖空调设备的运行能耗。本规程包括：总则；基本规定；节能诊断；节能改造方案；建筑围护结构节能改造；严寒和寒冷地区集中供暖系统节能与计量改造；施工质量验收。

[3]1.3.1.167 《金属与石材幕墙工程技术规范》（JGJ 133-2001）

本规范适用于民用建筑金属与天然石材幕墙工程的设计、制作、安装施工及验收：建筑高度不大于 150 m 的民用建筑金属幕墙工程；建筑高度不大于 100 m、设防烈度不大于8 度的民用建筑石材幕墙工程。

[3]1.3.1.168 《型钢混凝土组合结构技术规程》（JGJ 138-2001）

本规程适用于非地震和抗震设烈度为 6～9 度的多、高层建筑和一般构筑物的型钢混凝土组合结构的设计与施工。型钢混凝土组合结构构件应由混凝土、型钢、纵向钢筋和箍筋组成。

[3]1.3.1.169 《通风管道技术规程》（JGJ 141-2004）

本规程适用于新建、扩建和改建的工业与民用建筑的通风与空调工程用金属或非金属管道的制作与安装。

[3]1.3.1.170 《辐射供暖供冷技术规程》（JGJ 142-2012）

本规程适用于以低温热水为热媒或以加热电缆为加热元件的辐射供暖工程，以及高温冷水为冷媒的辐射供冷工程的设计、施工及验收。

[3]1.3.1.171 《混凝土结构后锚固技术规程》（JGJ 145-2013）

本规程适用于以钢筋混凝土、预应力混凝土以及素混凝土为基材的后锚固连接的设计、施工及验收；不适用于以砌体、轻骨料混凝土及特种混凝土为基材的后锚固连接。

[3]1.3.1.172 《混凝土异形柱结构技术规程》 JGJ 149-2006）

本规程主要适用于非抗震设计和抗震设防烈度为 6～8 度抗震设计的一般居住建筑混凝土异形柱结构的设计及施工。混凝土异形柱结构的设计及施工，除应符合本规程的规定外，还应符合国家现行有关标准的规定。

[3]1.3.1.173 《种植屋面工程技术规程》（JGJ 155-2013）

本规程适用于新建、扩建和改建的工业建筑、民用建筑种植屋面工程的设计、施工和质量验收。本规程包括：总则；术语；基本规定；种植屋面工程材料；种植屋面工程设计；种植屋面工程施工；质量验收；维护管理。

[3]1.3.1.174 《建筑轻质条板隔墙技术规程》（JGJ/T 157-2008）

本规程适用于抗震设防烈度为 8 度和 8 度以下的地区及非抗震设防地区，以轻质条件隔墙作为居住建筑、公共建筑和一般工业建筑工程的非承重板材隔墙的设计、施工及验收。

[3]1.3.1.175 《蓄冷空调工程技术规程》（JGJ 158-2008）

本规程适用于新建、改建、扩建的工业与民用建筑的蓄冷空调工程的设计、施工、调试、验收及运行管理。

[3]1.3.1.176 《镇（乡）村建筑抗震技术规程》（JGJ 161-2008）

本规程适用于抗震设防烈度为 6～9 度地区镇（乡）村建筑的抗震设计与施工。

[3]1.3.1.177 《地下建筑工程逆作法技术规程》（JGJ 165-2010）

本规程适用于采用逆作法的新建、扩建地下建筑工程的设计与施工。

[3]1.3.1.178 《建筑外墙清洗维护技术规程》（JGJ 168-2009）

本规程适用于采用石、烧结材料、玻璃与金属幕墙、涂料等做饰面的建筑外墙的清洗维护与质量验收。

[3]1.3.1.179 《清水混凝土应用技术规程》（JGJ 169-2009）

本规程适用于表面有清水混凝土外观效果要求的混凝土工程的设计、施工与质量验收。

[3]1.3.1.180 《多联机空调系统工程技术规程》（JGJ 174-2010）

本规程适用于在新建、改建、扩建的工业与民用建筑中，以变制冷剂流量多联分体式空调机组为主要冷热源的空调工程的施工及验收。

[3]1.3.1.181 《自流平地面工程技术规程》（JGJ/T 175-2009）

本规程适用于新建、扩建和改建的各类建筑室内自流平地面工程的设计、施工、质量检验与验收。

[3]1.3.1.182 《公共建筑节能改造技术规范》（JGJ 176-2009）

本规范适用于各类公共建筑的外围扩结构、用能设备及系统等方面的节能改造。

[3]1.3.1.183 《体育建筑智能化系统工程技术规程》（JGJ/T 179-2009）

本规程适用于新建、改建、扩建的供比赛和训练用体育建筑的智能化系统工程的设计、施工和验收。

[3]1.3.1.184 《逆作复合桩基技术规程》（JGJ/T 186-2009）

本规程适用于地基土为黏性土及中密、稍密的砂土的逆作复合桩基的设计、施工、检测及验收，也适用于既有建筑物的地基基础加固，不适用于高灵敏性的黏性土。

[3]1.3.1.185 《塔式起重机混凝土基础工程技术规程》（JGJ/T 187-2009）

本规程适用于建筑工程施工过程中的塔机混凝土基础工程的设计及施工。

[3]1.3.1.186 《液压爬升模板工程技术规程》（JGJ 195-2010）

本规程适用于高层建筑剪力墙结构、框架结构核心筒、大型柱、桥墩、桥塔、高耸构筑物等现浇钢筋混凝土结构工程的液压爬升模板施工及验收。

[3]1.3.1.187 《混凝土预制拼装塔机基础技术规程》（JGJ/T 197-2010）

本规程适用于小车变幅水平臂额定起重力矩不超过 400 kN·m 的塔式起重机预制混凝土基础的设计、制作、拼装、验收和使用维护。

[3]1.3.1.188 《型钢水泥土搅拌墙技术规程》（JGJ/T 199-2010）

本规程适用于填土、淤泥质土、黏性土、粉土、砂性土、饱和黄土等地层建筑物（构筑物）和市政工程基坑支护中型钢水泥土搅拌墙的设计、施工和质量检查与验收。对淤泥、泥炭土、有机质土以及地下水具有腐蚀性和无工程经验的地区，必须通过现场试验确定其适用性。

[3]1.3.1.189 《喷涂聚脲防水工程技术规程》（JGJ/T 200-2010）

本规程适用于混凝土和砂浆表面喷涂聚脲防水工程的材料选择、设计、施工及验收。

[3]1.3.1.190 《石膏砌块砌体技术规程》（JGJ/T 201-2010）

本规程适用于抗震设防烈度为8度及8度以下地区的工业与民用建筑中采用石膏砌块砌筑的室内非承重墙体的构造设计、施工与质量验收。

[3]1.3.1.191 《装配箱混凝土空心楼盖结构技术规程》（JGJ/T 207-2010）

本规程适用于建筑工程中装配箱混凝土空心楼盖结构的设计、施工及验收。

[3]1.3.1.192 《轻型钢结构住宅技术规程》（JGJ 209-2010）

本规程适用于以轻型钢框架为结构体系，并配套有满足功能要求的轻质墙体、轻质楼板和轻质屋面建筑系统，层数不超过 6 层的非抗震设防以及抗震设防烈度为 6～8 度的轻型钢结构住宅的设计、施工及验收。

[3]1.3.1.193 《刚-柔性桩复合地基技术规程》（JGJ/T 210-2010）

本规程适用于建筑与市政工程刚-柔性桩复合地基的设计、施工及质量检测。

[3]1.3.1.194 《建筑工程水泥-水玻璃双液注浆技术规程》（JGJ/T 211-2010）

本规程适用于以水泥-水玻璃（C-S）为注浆浆液，实施软弱地层加固、注浆堵水防渗等建筑工程双液注浆的设计、施工和验收。

[3]1.3.1.195 《地下工程渗漏治理技术规程》（JGJ/T 212-2010）

本规程适用于地下工程渗漏的治理。

[3]1.3.1.196 《现浇混凝土大直径管桩复合地基技术规程》（JGJ/T 213-2010）

本规程适用于建筑、市政工程软土地基处理中桩径为 1 000 mm～1 250 mm 的现浇混凝土大直径管桩复合地基的设计、施工和质量检验。

[3]1.3.1.197 《铝合金门窗工程技术规范》（JGJ 214-2010）

本规范适用于一般工业与民用建筑的铝合金门窗工程设计、制作、安装、验收和维护。

[3]1.3.1.198 《铝合金结构工程施工规程》（JGJ/T 216-2010）

本规程适用于建筑工程的单层框架、多层框架、空间网格、面板以及幕墙等铝合金结构工程的施工。

[3]1.3.1.199 《纤维石膏空心大板复合墙体结构技术规程》（JGJ 217-2010）

本规程适用于抗震设防烈度不大于 8 度、设计基本地震加速度不大于 $0.2g$ 的地区采用纤维石膏空心大板复合墙体的多层居住建筑和公共建筑的设计、施工及验收。

[3]1.3.1.200 《混凝土结构用钢筋间隔件应用技术规程》（JGJ/T 219-2010）

本规程适用于建筑工程与市政工程混凝土结构中使用的钢筋间隔件的制作、运输、储存和安放。

[3]1.3.1.201 《大直径扩底灌注桩技术规程》（JGJ/T 225-2010）

本规程适用于建筑工程的大直径扩底灌注桩的勘察、设计、施工及质量检验。

[3]1.3.1.202 《低张拉控制应力拉索技术规程》（JGJ/T 226-2011）

本规程适用于风障拉索、楼梯（护栏）扶索、公路缆索护栏以及其他非承重的低张拉控制应力拉索体系的设计、施工及验收。

[3]1.3.1.203 《低层冷弯薄壁型钢房屋建筑技术规程》（JGJ 227-2011）

本规程适用于以冷弯薄壁型钢为主要承重构件，层数不大于 3 层，檐口高度不大于 12 m 的低层房屋建筑的设计、施工及验收。

[3]1.3.1.204 《植物纤维工业灰渣混凝土砌块建筑技术规程》（JGJ/T 228-2010）

本规程适用于非抗震设防地区和抗震设防烈度为 8 度及 8 度以下地区，以植物纤维工业灰渣混凝土砌块为墙体材料的低层、多层构造柱体系砌块建筑设计的施工及验收，以及采用植物纤维工业灰渣混凝土砌块砌筑的非承重墙体的设计、施工及验收。

[3]1.3.1.205 《倒置式屋面工程技术规程》（JGJ 230-2010）

本规程适用于新建、扩建、改建和节能改造房屋建筑倒置式屋面工程的设计、施工和质量验收。本规程包括：总则；术语；基本规定；材料；设计；施工；既有建筑倒置式屋面改造；质量验收。

[3]1.3.1.206 《矿物绝缘电缆敷设技术规程》（JGJ 232-2011）

本规程适用于额定电压为 750 V 及以下工业与民用建筑中矿物绝缘电力电缆、矿物绝缘控制电缆敷设的设计、施工及验收。

[3]1.3.1.207 《建筑外墙防水工程技术规程》（JGJ/T 235-2011）

本规程适用于新建、改建和扩建的以砌体或混凝土作为围护结构的建筑外墙防水工程的设计、施工及验收。

[3]1.3.1.208 《建筑遮阳工程技术规范》（JGJ 237-2011）

本规范适用于新建、扩建和改建的民用建筑遮阳工程的设计、施工安装、验收与维护。

[3]1.3.1.209 《混凝土基层喷浆处理技术规程》（JGJ/T 238-2011）

本规程适用于新建、扩建和改建的工程的混凝土基层喷浆处理施工与质量验收。

[3]1.3.1.210 《建（构）筑物移位工程技术规程》（JGJ/T 239-2011）

本规程适用于建（构）筑物移位工程的设计、施工及验收。

[3]1.3.1.211 《房屋白蚁预防技术规程》（JGJ/T 245-2011）

本规程适用于我国土木两栖性和土栖性白蚁危害地区新建、扩建、改建房屋及其附属设施的白蚁预防工程的设计与施工。

[3]1.3.1.212 《冰雪景观建筑技术规程》（JGJ 247-2011）

本规程适用于以冰、雪为主要材料的冰雪景观建筑的设计、施工、验收和维护管理。

[3]1.3.1.213 《底部框架-抗震墙砌体房屋抗震技术规程》（JGJ 248-2012）

本规程主要适用于抗震设防烈度为 6 度、7 度和 8 度（0.20g）、抗震设防类别为标准设防类的底层或底部两层框架-抗震墙砌体房屋的抗震设计与施工。

[3]1.3.1.214 《拱形钢结构技术规程》（JGJ/T 249-2011）

本规程适用于工业与民用建筑和构筑物中拱形钢结构的设计、制作、安装及验收。

[3]1.3.1.215 《建筑钢结构防腐蚀技术规程》（JGJ/T 251-2011）

本规程适用于大气环境中的新建建筑钢结构的防腐蚀设计、施工、验收和维护。

[3]1.3.1.216 《无机轻集料砂浆保温系统技术规程》（JGJ 253-2011）

本规程适用于以混凝土和砌体为基层墙体的民用建筑工程中，采用无机轻集料砂浆保温系统的墙体保温工程的设计、施工及验收。

[3]1.3.1.217 《钢筋锚固板应用技术规程》（JGJ 256-2011）

本规程适用于混凝土结构中钢筋采用锚固板锚固时锚固区的设计及钢筋锚固板的安装、检验与验收。

[3]1.3.1.218 《索结构技术规程》（JGJ 257-2012）

本规程适用于以索为主要受力构件的各类建筑索结构，包括悬索结构、斜拉结构、张弦结构及索穹顶等的设计、制作、安装及验收。

[3]1.3.1.219 《预制带肋底板混凝土叠合楼板技术规程》（JGJ/T 258-2011）

本规程适用于环境类别为一类、二 a 类，且抗震设防烈度小于或等于 9 度地区的一般工业与民用建筑楼板的设计、施工及验收。

[3]1.3.1.220 《混凝土结构耐久性修复与防护技术规程》（JGJ/T 259-2012）

本规程适用于既有混凝土结构耐久性修复与防护工程的设计、施工及验收。本规程不适用于轻骨料混凝土及特种混凝土结构。

[3]1.3.1.221 《轻型木桁架结构技术规程》（JGJ/T 265-2012）

本规范适用于在建筑工程中采用金属齿板进行节点连接的轻型木桁架及相关结构体系的设计、制作、安装和维护管理。

[3]1.3.1.222 《被动式太阳能建筑技术规范》（JGJ/T 267-2012）

本规范适用于新建、扩建、改建被动式太阳能建筑的设计、施工、验收、运行和维护。

[3]1.3.1.223 《现浇混凝土空心楼盖技术规程》（JGJ/T 268-2012）

本规程适用于工业与民用建筑及一般构筑物的现浇钢筋混凝土及预应力混凝土空心楼盖结构的设计、施工及验收。

[3]1.3.1.224 《轻型钢丝网架聚苯板混凝土构件应用技术规程》（JGJ/T 269-2012）

本规程适用于抗震设防烈度 8 度及以下、建筑高度 10 m 及以下、层数 3 层及以下的房屋承重墙体构件和楼板（屋面板）构件的设计和施工，也适用于一般工业和民用建筑的非承重墙体构件应用。本规程不适用于长期处于潮湿或有腐蚀介质环境的构件应用。本规程包括：总则；术语和符号；材料；建筑设计；结构构造；结构设计；施工；质量验收。

[3]1.3.1.225 《建筑物倾斜纠偏技术规程》（JGJ 270-2012）

本规程适用于建筑物（含构筑物）纠偏工程的检测鉴定、设计、施工、监测和验收。

[3]1.3.1.226 《钢丝网架混凝土复合板结构技术规程》（JGJ/T 273-2012）

本规程适用于 8 度及 8 度以下抗震设防区以及非抗震设防区的多层民用建筑。

[3]1.3.1.227 《装饰多孔砖夹心复合墙技术规程》（JGJ/T 274-2012）

本规程适用于严寒及寒冷地区的非抗震设防区和严寒及寒冷地区抗震设防烈度为 6～8 度地区夹心复合墙建筑的设计、施工及验收。

[3]1.3.1.228 《建筑结构体外预应力加固技术规程》（JGJ/T 279-2012）

本规程适用于房屋建筑和一般构筑物的混凝土结构采用体外预应力加固法进行加固的设计、施工及验收。

[3]1.3.1.229 《高压喷射扩大头锚杆技术规程》（JGJ/T 282-2012）

本规程适用于土层锚固高压喷射扩大头锚杆的设计、施工、检验与试验。

[3]1.3.1.230 《自密实混凝土应用技术规程》（JGJ/T 283-2012）

本规程适用于自密实混凝土的材料选择、配合比设计、制备与运输、施工及验收。

[3]1.3.1.231 《建筑外墙外保温防火隔离带技术规程》（JGJ 289-2012）

本规程适用于民用建筑外墙保温工程防火隔离带的设计、施工及验收。

[3]1.3.1.232 《组合锤法地基处理技术规程》（JGJ/T 290-2012）

本规程适用于建设工程中采用组合锤法处理地基的设计、施工及质量检验。

[3]1.3.1.233 《现浇塑性混凝土防渗芯墙施工技术规程》（JGJ/T 291-2012）

本规程适用于建筑工程塑性混凝土防渗芯墙的施工。

[3]1.3.1.234 《高抛免振捣混凝土应用技术规程》（JGJ/T 296-2013）

本规程适用于高抛免振捣混凝土的原材料质量控制、配合比设计、制备、运输、施工和验收。

[3]1.3.1.235 《住宅室内防水工程技术规范》（JGJ 298-2013）

本规程适用于新建和既有住宅室内防水工程的设计、施工和质量验收。

[3]1.3.1.236 《建筑施工临时支撑结构技术规范》（JGJ/T 300-2013）

本规范对建筑施工过程中的各种临时支撑结构所采用的技术进行了规定。

[3]1.3.1.237 《公路沥青路面施工技术规范》（JTG F40-2004）

本标准适用于各等级新建和改建公路的沥青路面工程。

[3]1.3.1.238 《农村沼气"一池三改"技术规范》（NY/T 1639-2008）

本标准规定了农村户用沼气池与圈舍、厕所、厨房的总体布局、技术要求、建设要求、管理方法以及操作和安全规程。本标准适用于农村户用沼气池与圈舍、厕所和厨房的配套改造和建设。

[3]1.3.1.239 《石油化工钢储罐地基处理技术规范》（SH/T 3083-1997）

本规范适用于储存原油、中间产品油和成品油等石油化工立式圆筒形钢制储罐地基处理的设计与施工，不适用于储存低温、酸碱腐蚀性和自重大于 10 kN/m³ 介质及架高储罐地基处理的设计与施工。执行本规范时，尚应符合现行有关标准规范的要求。

[3]1.3.1.240 《涂装前钢材表面处理规范》（SY/T 0407-2012）

本规范适用于涂装前钢材表面的处理。

[3]1.3.1.241 《岩土工程勘察成果检查、验收和质量评定标准》（YB/T 9009-1998）

本标准规定了岩土工程勘察成果质量检查、验收工作的要求，岩土工程勘察成果应具有的质量特性和质量评定的基本方法，以及成果缺陷分类。本标准适用于按国家标准、行业标准和技术要求进行的各类岩土工程勘察成果的检查、验收和质量评定。

[3]**1.3.1.242** 《钢结构、管道涂装工程技术规程》（YB/T 9256-96）

本规程适用于新建、扩建和改建工程的钢结构、非标设备、管道（以下简称结构）的涂装工程设计、施工及验收。本规程适用于利用涂料的涂层作用防止钢结构腐蚀而采用的涂装方法。

[3]**1.3.1.243** 《强夯地基技术规程》（YBJ 25-92）

本规程适用于冶金工业建设中采用强夯法处理碎石土、砂土、粉土、不饱和的黏性土、湿陷性黄土和人工填土等地基的设计、施工、质量检验和工程验收。本规程包括：总则；设计；施工；施工质量检验及工程验收。

[3]**1.3.1.244** 《软土地基深层搅拌技术规程》（YBJ 225-91）

本规程适用于工业与民用建筑、市政、道路、港口以及地下挡土构筑物等软土地基深层搅拌加固工程的设计和施工。

[3]**1.3.1.245** 《喷射混凝土施工技术规程》（YBJ 226-1991）

本规程适用于各类地下工程支护、建筑物修复加固、边坡治理以及水池和薄壳结构的喷射混凝土施工。

[3]**1.3.1.246** 《钢管桩施工技术规程》（YBJ 233-1991）

本规程适用于工业与民用建筑钢管桩的施工与验收，采用本规程进行钢管桩施工时，尚应符合国家现行有关标准规范的要求。

[3]**1.3.1.247** 《振动挤密砂桩施工技术规程》（YBJ 234-1991）

本规程适用于软黏性土、人工填土和松散砂土层振动挤密砂桩（以下简称砂桩）的施工及验收。

[3]**1.3.1.248** 《预应力钢筋混凝土管桩施工技术规程》（YBJ 235-1991）

本规程适用于工业与民用建筑预应力钢筋混凝土管桩锤击沉桩的施工及验收。

[3]**1.3.1.249** 《标准贯入试验规程》（YS 5213-2000）

本规程适用于有色冶金工业建设岩土工程勘察的标准贯入试验，其他行业的同类工作可参照执行。

[3]**1.3.1.250** 《注水试验规程》（YS 5214-2000）

本规程适用于有色冶金工业建设岩土工程勘察的注水试验，其他行业的同类工作可参照执行。

[3]**1.3.1.251** 《压水试验规程》（YS 5216-2000）

本规程适用于有色冶金工业建设岩土工程勘察的压水试验，其他行业的同类工作可参照执行。

[3]1.3.1.252 《岩土静力载荷试验规程》（YS 5218-2000）

本规程适用于有色冶金工业建设岩土工程勘察中确定地基承载力、变形模量、非自重湿陷性等指示所进行的岩土静力载荷试验。其他行业的同类工作可参照执行。

[3]1.3.1.253 《圆锥动力触探试验规程》（YS 5219-2000）

本规程适用于有色冶金工业建设岩土工程勘察圆锥动力触探试验。其他行业的同类工作可参照执行。

[3]1.3.1.254 《十字板剪切试验规程》（YS 5220-2000）

本规程适用于有色冶金工业建设岩土工程勘察电测十字板剪接切试验。其他行业的同类工作可参照执行。

[3]1.3.1.255 《现场直剪试验规程》（YS 5221-2000）

本规程适用于有色冶金工业建设岩土工程勘察现场的面积直剪试验，其他行业的工作也可以参照执行。

[3]1.3.1.256 《静力触探试验规程》（YS 5223-2000）

本规程适用于有色冶金工业工程建设的岩土工程勘察静力触探试验。其他行业的同类工作可参照执行。

[3]1.3.1.257 《旁压试验规程》（YS 5224-2000）

本规程适用于有色冶金工业工程建设岩土工程勘察中黏性土、粉性土、沙类土、软质岩层等的预钻式旁压试验。其他行业的同类工作可参照执行。

[3]1.3.1.258 《注浆技术规程》（YSJ 211-1992）

本规程适应冶金工业建设注浆堵水、防渗加固工程的设计施工和检查验收。本规程包括：总则；基本规定；岩体注浆；土体注浆。

[3]1.3.1.259 《土工试验规程》（YSJ 225-1992）

本规程对土工试验的内容、方法等进行了规定。

[3]1.3.1.260 《结构安装工程施工操作规程》（YSJ 404-89）

本规程适用于工业与民用建筑钢筋混凝土结构、钢结构和其他结构的安装工程施工。

[3]1.3.1.261 《特种结构工程施工操作规程》（YSJ 405-89）

本规程适用于液压提升钢筋混凝土推锥塑水塔、滑模施工钢筋混凝土烟囱和钢筋混凝土框架滑模三项特种结构工程施工。

[3]1.3.1.262 《钢筋电渣压力焊技术规程》（DBJ 20-07-2013）

本规程适用于四川省一般工业与民用建筑工程混凝土结构中，竖向和倾角不大于 10°的斜向钢筋电渣压力焊的施工与质量检验。

[3]1.3.1.263 《烧结复合自保温砖和砌块墙体保温系统技术规程》（DBJ51/T 001-2011）

本规程规定了烧结复合自保温砖和砌块墙体保温系统的材料性能、结构设计、构造措施、建筑热工设计、施工和质量验收。本规程适用于四川省夏热冬冷地区和温和地区抗震设防烈度为 8 度及 8 度以下地区的民用建筑中自承重的墙体。本规程包括：总则；术语；基本规定；性能要求；设计；施工；质量验收。

[3]1.3.1.264 《烧结自保温砖和砌块墙体保温系统技术规程》（DBJ51/T 002-2011）

本规程规定了烧结自保温砖和砌块墙体保温系统的材料性能、结构设计、构造措施、建筑热工设计、施工和质量验收。本规程适用于四川省夏热冬冷地区和温和地区的民用建筑。本规程中烧结自保温空心砖和砌块适用于抗震设防烈度为 8 度及 8 度以下民用建筑中的自承重墙体；烧结自保温多孔砖和砌块适用于抗震设防烈度为 7 度及 7 度以下且建筑层数为 3 层及 3 层以下民用建筑中的承重墙体。本规程包括：总则；术语；基本规定；性能要求；设计；施工；质量验收。

[3]1.3.1.265 《灾区过渡安置点防火规范》（DBJ51/T 003-2012）

本规范适用于四川省各类自然灾害灾区过渡安置点的消防规划、防水设计、消防力量及灭火救援装备配置。本规范包括：总则；术语；临时应急避难；过渡安置点建设；消防安全管理；消防力量及灭火救援装备配置。

[3]1.3.1.266 《四川省住宅建筑通信配套光纤入户工程技术规范》（DBJ51/T 004-2012）

本规程适用于四川省新建住宅建筑通信配套光纤入户工程建设。改、扩建住宅通信配套光纤入户工程建设可参照执行。

[3]1.3.1.267 《城市建筑二次供水工程技术规范》（DBJ51/ 005-2012）

本规程适用于四川省内新建、扩建和改建的城市建筑生活饮用水二次供水工程的设计、施工和验收。本规程包括：总则；术语；水质、水量和水压；供水系统；系统设计；设备与设施；泵房；电气、控制与保护；施工；调试与验收。

[3]1.3.1.268 《四川省民用建筑节能工程施工工艺规程》（DBJ51/T 010-2012）

本规程适用于四川省内新建、改建和扩建的民用建筑工程中墙体、幕墙、门窗、屋面、楼地面、采暖、通风与空调、空调与采暖系统的冷热源及管网、配电与照明；监测与控制等建筑节能工程的施工。本规程包括：总则；术语；基本规定；墙体节能工程施工工艺；幕墙节能工程施工工艺；门窗节能工程施工工艺；屋面节能工程施工工艺；楼地面节能工程施工工艺；采暖节能工程施工工艺；通风与空调系统节能工程施工工艺；冷热源及管网系统节能工程施工工艺；配电与照明工程节能施工工艺；监测与控制系统节能施工工艺。

[3]1.3.1.269 《成都市地源热泵系统设计技术规程》（DBJ51/ 012-2012）

本规程适用于成都市以岩土体、地下水、地表水为低温热源，以水或添加防冻剂的水溶液为传热介质，采用蒸汽压缩热泵技术进行制冷、制热的系统工程的设计。本规程包括：总则；术语；工程勘察和可行性评估；地埋管换热系统；地下水换热系统；地表水换热系统；地源热泵机房设计；监测与控制。

[3]1.3.1.270 《酚醛泡沫保温板外墙外保温系统技术规程》（DBJ51/T 013-2012）

本规程适用于四川省新建、扩建（改建）的居住建筑和公共建筑采用酚醛泡沫保温板外墙外保温系统的建筑保温工程。

[3]1.3.1.271 《四川省建筑地基基础检测技术规程》（DBJ51/T 014-2013）

本规程适用于四川省建筑工程地基基础的检测与评价。本规程包括：总则；术语和符号；基本规定；处理地基检测；基桩检测；基坑（边坡）工程检测；检测结果评价。

[3]1.3.1.272 《四川省成品住宅装修工程技术标准》（DBJ51/ 015-2013）

本标准适用于四川省新建成品住宅套内装修工程的设计、施工、监理和验收。改、扩建住宅的装修可参照执行。本标准包括：总则；术语；基本规定；装修设计；墙面工程；天棚工程；楼地面工程；内门窗工程；细部工程；防水工程；厨卫设备及管道安装；电气工程；采暖、空调及通风工程；智能化工程；验收。

[3]1.3.1.273 《四川省农村居住建筑抗震技术规程》（DBJ51/ 016-2013）

本规程适用于四川省抗震设防烈度为 6 度、7 度、8 度和 9 度地区的居民自建房两层（含两层）以下，且单体建筑面积不超过 300 m^2 的居住建筑的抗震设计、施工与验收。

[3]1.3.1.274 《建筑反射隔热涂料应用技术规程》（DBJ51/T 021-2013）

本规程适用于四川省温和及夏热冬冷气候地区新建、改建和扩建的民用建筑外墙与屋面采用建筑反射隔热涂料外饰面工程的设计、施工及验收，工业建筑及其他构筑物的外围护结构采用建筑反射隔热涂料外饰面工程的设计、施工及验收，可参照本规程执行。

[3]1.3.1.275 《冷轧带肋钢筋预应力混凝土构件设计与施工技术规程》（DB51-5005-93）

本规程适用于四川省一般民用与工业建筑中的中、小型冷轧带肋钢筋预应力构件。

[3]1.3.1.276 《横向钢筋窄间隙焊接规程》（DB51-5009-94）

本规程适用于四川省一般民用与工业建筑物、构筑物的混凝土结构中的热轧Ⅰ～Ⅲ级钢筋横向窄间隙的施工与质量验收。

[3]1.3.1.277 《白蚁防治施工技术规程》（DB51/T 5012-2013）

本规程适用于四川省内新建（含改建、扩建）房屋、既有房屋、园林、水库堤坝等土栖、土木两栖性白蚁的防治。

[3]**1.3.1.278** 《四川省城市园林绿化技术操作规程》（DB51/ 5016-98）

本标准规定了园林苗圃地的建设、苗木繁殖、苗木培育和苗木出圃的技术操作程序。本规程适用于四川省城市园林育苗、绿化施工和养护、花卉栽培、植物病虫害防治、盆景创作的技术操作。本标准也适用于园林苗圃工人的技术培训。本标准包括：育苗技术操作规程；绿化施工和养护技术操作规程；花卉栽培技术操作规程；植物病虫害操作技术规程；盆景创作技术规程；动物饲养管理一般规程。

[3]**1.3.1.279** 《燃气用衬塑（PE）、衬不锈钢铝合金管道工程技术规程》（DB51/T 5034-2012）

本规程适用于压力小于 10 kPa 的四川省城镇居民住宅、公共建筑用户室内燃气管道工程的设计、施工和验收。

[3]**1.3.1.280** 《燃气管道环压连接技术规程》（DB51/T 5035-2012）

本规程适用于四川省公称直径小于或等于 DN100 的环压连接不锈钢管道、衬塑（PE）铝合金管道、衬不锈钢铝合金管道。

[3]**1.3.1.281** 《屋面工程施工工艺规程》（DB51/T 5036-2007）

本规程适用于四川省境内建筑工程的屋面分部工程施工和质量控制。本规程包括：总则；术语；基本规定；屋面找平层施工工艺；屋面保温层施工工艺；卷材防水层屋面施工工艺；涂膜防水屋面施工工艺；刚性防水屋面施工工艺；屋面接缝密封防水施工工艺、保温隔热屋面施工工艺和瓦屋面施工工艺。

[3]**1.3.1.282** 《防水工程施工工艺规程》（DB51/T 5037-2007）

本规程适用于四川省境内建筑工程的防水工程施工及工程质量控制。本规程包括：总则；术语；基本规定；地下防水混凝土；地下水泥砂浆防水层；地下卷材防水层；地下涂料防水层；地下金属板防水层；厨房、厕浴间涂料防水层；外墙水泥砂浆防水层；外墙涂料防水层；外墙拼接缝防水。

[3]**1.3.1.283** 《地面工程施工工艺规程》（DB51/T 5038-2007）

本规程适用于四川省建筑工程中建筑地面工程（含室外散水、明沟、踏步、台阶、坡道等附属工程）的施工及工程质量控制。

[3]**1.3.1.284** 《砌体工程施工工艺规程》（DB51/T 5039-2007）

本规程适用于四川省建筑工程的砖、石、混凝土小型空心砌块、蒸压加气混凝土砌块等砌体的施工及质量控制。

[3]**1.3.1.285** 《智能建筑工程施工工艺规程》（DB51/T 5040-2007）

本规程适用于四川省新建、扩建、改建中的智能建筑分部工程施工和质量控制。本规程包括：总则；术语和符号；基本规定；综合布线系统；通信网络系统；信息网络系统；

建筑设备监控系统；火灾自动报警及消防联动系统；安全防范系统；智能化系统集成；电源与接地和住宅（小区）智能化。

[3]1.3.1.286 《室外排水用高密度聚乙烯检查井工程技术规程》（DB51/T 5041-2007）

本规程适用于四川省新建、改建和扩建的排水系统应用高密度聚乙烯排水检查井工程的设计、施工及验收。本规程包括：总则；术语和符号；材料；检查井工艺设计；检查井结构设计；检查井的安装；回填；质量检验；竣工验收。

[3]1.3.1.287 《复合保温石膏板内保温系统工程技术规程》（DB51/T 5042-2007）

本规程适用于四川地区新建、改建、扩建以及既有建筑节能改造的建筑外墙、分户墙、楼板等保温工程。本规程包括：总则；术语；性能及要求；设计与施工；工程的施工验收；吸水率测试方法、抗冲击测试方法；复合保温石膏板的热阻值；热工计算公式；常用复合保温石膏板外墙内保温系统工程作法；复合保温石膏板系统安装细则。

[3]1.3.1.288 《建筑给水内筋嵌入式衬塑钢管管道工程技术规程》（DB51/T 5043-2007）

本规程适用于新建、扩建、改建的工业与民用建筑中的室内外生活给水、热水管道系统中采用内筋嵌入式衬塑钢管的设计、施工及验收。

[3]1.3.1.289 《混凝土结构工程施工工艺规程》（DB51/T 5046-2007）

本规程适用于四川省建筑工程的模板及脚手脚、钢筋、混凝土工程施工与质量控制。本规程包括：总则；术语；基本规定；竹、木散拼模板及组合钢模板；定型组合模板及大模板；清水混凝土模板；脚手架及模板支架；附着升降脚手架；钢筋加工；钢筋安装；钢筋焊接；滚轧直螺纹钢筋连接接头；现浇结构；装配式结构；泵送混凝土；高强混凝土；大体积混凝土；清水混凝土；钢管混凝土；预应力混凝土。

[3]1.3.1.290 《建筑电气工程施工工艺规程》（DB51/T 5047-2007）

本规程适用于四川省境内建筑工程的建筑电气分部工程施工，适用电压等级为 12 kV 及以下。本规程包括：总则；术语；基本规定；架空线路及杆上电气设备安装，变压器、箱式变电所安装，成套配电柜；控制柜（屏、台）和动力、照明配电箱（盘）安装；低压电动机、电加热器及电动执行机构检查接线，柴油发电机安装；不间断电源安装；低压电气动力设备试验和试运行；裸母线、封闭母线、插接式母线安装；电缆桥架的安装和桥架内电缆敷设；直埋电缆、电缆沟内和电缆竖井内电缆敷设；电线导管、电缆导管和线槽敷设；电线电缆连接、穿管和线槽敷线槽板配线；钢索配线；电缆头制作、接线和线路绝缘测试；普通灯具安装；专用灯具安装；建筑物景观照明灯、航空障碍标志灯和庭院灯安装，开关、插座、风扇安装；建筑物照明通电试运行；接地装置安装；避雷引下线和变配电室接地干线敷设；接闪器安装；建筑物等电位联结。

[3]1.3.1.291 《地基与基础工程施工工艺规程》（DB51/T 5048-2007）

本规程适用于四川省工业与民用建筑地基与基础工程的施工及质量控制。本规程包括：总则；术语；基本规定；地基；桩基础；土方工程；基坑工程。

[3]1.3.1.292 《通风与空调工程施工工艺规程》（DB51/T 5049-2007）

本规程适用于四川省建筑工程的通风与空调工程施工与质量控制。

[3]1.3.1.293 《钢结构工程施工工艺规程》（DB51/T 5051-2007）

本规程适用于四川省建筑工程的钢结构工程施工与质量控制。

[3]1.3.1.294 《建筑给水排水与采暖工程施工工艺规程》（DB51/T 5052-2007）

本规程适用于四川省建筑给水、排水、消防给水及采暖工程施工和质量控制。本规程包括：总则；术语；基本规定；室内给水系统安装、室内排水系统安装；室内热水供应系统安装；卫生器具安装；室内采暖系统安装；室外给水管网安装；室外排水管网安装；室外供热管道安装；供热锅炉及辅助设备安装；分部（子分部）工程质量验收。

[3]1.3.1.295 《建筑装饰装修工程施工工艺规程》（DB51/T 5053-2007）

本规程适用于四川省建筑装饰装修工程施工与质量控制。本规程包括：总则；术语；基本规定；抹灰工程；门窗工程、吊顶工程；轻质隔墙工程、饰面板（砖）施工工程；幕墙工程；涂饰工程；裱糊与软包工程、细部工程。

[3]1.3.1.296 《建筑给水薄壁不锈钢管管道工程技术规程》（DB51/T 5054-2007）

本规程适用于四川省新建、改建和扩建的工业与民用建筑给水（冷水、热水、饮用净水、建筑消防自动喷水灭火等系统）的薄壁不锈钢管管道工程设计、施工及验收。

[3]1.3.1.297 《室外给水球墨铸铁管管道工程技术规程》（DB51/T 5055-2008）

本规程适用于四川省城镇和工业区输送原水和清水的管道工程中，使用球墨铸铁管的管道工程设计、施工、验收及运行维修。

[3]1.3.1.298 《室外给水钢丝网骨架塑料复合管管道工程技术规》（DB51/T 5056-2008）

本规程适用于四川省新建、改建、扩建的工作压力不大于 1.6 MPa、管径不大于 630 mm 的室外给水压力管道工程的设计、施工及验收。

[3]1.3.1.299 《四川省抗震设防超限高层建筑工程界定标准》（DB51/T 5058-2008）

本标准适用于四川省抗震设防烈度为 6 度、7 度、8 度和 9 度地区抗震设防超限高层建筑工程的界定。

[3]1.3.1.300 《四川省建筑抗震鉴定与加固技术规程（试行）》（DB51/T 5059-2008）

本规程适用于四川省抗震设防烈度为 6～9 度地区的现有民用建筑的抗震鉴定和抗震加固。本规程包括：总则；术语和符号；基本规定；地基和基础；多层砌体房屋；多层和高层钢筋混凝土房屋；底层框架和多层多排柱内框架砖房；质量检查与验收、拆除和加固施工安全技术。

[3]1.3.1.301 《预拌砂浆生产与应用技术规程》（DB51/T 5060-2013）

本规程适用于由专业工厂生产的，用于建筑工程的砌筑、抹灰、地面工程等预拌砂浆的生产、产品验收、施工质量控制和工程质量验收。本规程包括：总则；术语；分类与标记；技术要求；生产质量控制；产品检验；施工质量控制；工程验收。

[3]1.3.1.302 《水泥基复合膨胀玻化微珠建筑保温系统技术规程》（DB51/T 5061-2008）

本规程适用于四川省新建、扩建（改建）的居住建筑与公共建筑的墙体、楼地面采用水泥基膨胀玻化微珠建筑保温系统的建筑保温工程。本规程包括：总则；术语；系统分类；基本规定；性能要求；设计；施工；验收。

[3]1.3.1.303 《EPS 钢丝网架板现浇混凝土外墙外保温系统技术规程》（DBJ51/T 5062-2013）

本规程适用于四川省抗震设防烈度为 8 度及 8 度以下、建筑高度不大于 100 m 的居住建筑和高度不大于 24 m 的公共建筑，且外墙为现浇混凝土墙体的外墙外保温工程。本规程包括：总则；术语；基本规定；性能要求；系统构造和技术要求；施工；施工质量验收。

[3]1.3.1.304 《回收金属面聚苯乙烯夹芯板建筑应用技术规程》（DB51/T 5064-2009）

本规程适用于四川省采用过渡板房回收的金属面聚苯乙烯夹芯板在建筑墙体工程、建筑保温工程、屋面工程中几种典型应用方式的设计、施工及验收。本规程包括：总则；术语；应用分类；基本规定；性能要求；设计；施工；验收。本标准为保证过渡板房回收材料的资源化利用，规范我省过渡板房回收的金属面聚苯乙烯夹芯板在建筑工程中的应用，确保工程质量而制定。

[3]1.3.1.305 《居住建筑油烟气集中排放系统应用技术规程》（DB51/T 5066-2009）

本规程适用于四川省居住建筑厨房、卫生间集中式排油烟气系统由钢丝网水泥或玻璃纤维网水泥预制的排油烟气道制品在建筑工程中的设计、施工及验收。

[3]1.3.1.306 《四川省地源热泵系统工程技术实施细则》（DB51/T 5067-2010）

本细则适用于四川省以岩土体、地下水、地表水（含工业废水与生活污水，下同）为低温热源，以水和添加防冻剂的水溶液为传热介质，采用蒸汽压缩热泵技术进行制冷、制热的系统工程的勘察、设计、施工、验收与监测。本细则包括：总则；术语；工程可行性评估；工程勘察；工程设计；系统调试；整体运转；实时工程监测与维护。

[3]1.3.1.307 《改性无机粉复合建筑饰面片材装饰工程技术规程（试行）》（DB51/T 5069-2010）

本规程适用于四川省新建建筑和既有建筑的改性无机粉复合建筑饰面片材装饰工程

的材料、设计、施工及验收。本规程包括：总则；术语；材料；设计；验收。

[3]**1.3.1.308** 《先张法预应力高强混凝土管桩基础技术规程》（DB51/5070-2010）

本规程适用于四川省抗震设防烈度为 8 度（0.2 g）及以下地区的桩端非液化土场地新建、改建、扩建的工业与民用建（构）筑物工程管桩基础生产、勘察、低承台基础设计和施工、质量验收。本规程包括：总则；术语和符号；基本规定；管桩规格；构造与质量要求；管桩地基勘察；管桩基础设计；管桩基础施工；管桩基础质量检测与验收。

[3]**1.3.1.309** 《蒸压加气混凝土砌块墙体自保温工程技术规程》（DB51/T 5071-2011）

本规程适用于四川省抗震设防烈度为 8 度及 8 度以下地区采用加气混凝土砌块墙体自保温系统的建筑工程。本规程包括：总则；术语、符号；基本规定；性能要求；设计；施工；工程验收。

[3]**1.3.1.310** 《钢筋套筒灌浆连接应用技术规程》

本规程适用于建筑与一般构筑物中采用套筒灌浆连接钢筋的设计、施工与验收。

[3]**1.3.1.311** 《砌体结构加固技术规范》

本标准适用于各种承载能力不足的砌体结构的处理、加固设计、施工与验收。本规范主要内容为加固设计方法、施工操作要求和质量验收标准。

[3]**1.3.1.312** 《复合墙体施工技术规程》

本规程适用于工业和民用建筑中非承重内墙隔墙采用现浇轻质复合墙体的设计、施工和验收。

[3]**1.3.1.313** 《既有建筑幕墙可靠性鉴定与加固技术规程》

本规程适用于既有建筑幕墙及与幕墙构造做法相似的采光顶和金属屋面的可靠性鉴定和加固。

[3]**1.3.1.314** 《轻板结构技术规程》

本规范对轻板结构技术进行了规定。

[3]**1.3.1.315** 《装配式综合健身馆技术规程》

本规程对装配式综合健身馆的相关技术进行了规定。

[3]**1.3.1.316** 《城镇给水管道非开挖修复更新工程技术规程》

本规程对城镇给水管道非开挖修复更新工程相关技术进行了规定。

[3]**1.3.1.317** 《四川省不透水土层地下室排水泄压抗浮技术规程》

在编四川省工程建设地方标准。

[3]**1.3.1.318** 《保温装饰复合板保温系统应用技术规程》

在编四川省工程建设地方标准。

[3]1.3.1.319 《四川省公共建筑节能改造技术规程》

在编四川省工程建设地方标准。

[3]1.3.1.320 《预应力混凝土结构设计与施工技术规程》

在编四川省工程建设地方标准。

[3]1.3.1.321 《建筑地下结构抗浮锚杆技术规程》

在编四川省工程建设地方标准。

[3]1.3.1.322 《农村节能建筑烧结自保温砖和砌块墙体保温系统技术规程》

在编四川省工程建设地方标准。

[3]1.3.1.323 《四川省建筑节能门窗应用技术规程》

在编四川省工程建设地方标准。

[3]1.3.1.324 《旋挖成孔灌注桩基技术规范》

在编四川省工程建设地方标准。

[3]1.3.1.325 《大直径素混凝土置换灌注桩复合地基技术规范》

在编四川省工程建设地方标准。

[3]1.3.1.326 《挤塑聚苯板外墙外保温及屋面保温工程技术规程》

在编四川省工程建设地方标准。

[3]1.3.1.327 《岩棉板建筑保温系统技术规程》

在编四川省工程建设地方标准。

[3]1.3.1.328 《四川省震后建筑安全性应急评估技术规程》

在编四川省工程建设地方标准。

[3]1.3.1.329 《民用建筑太阳能热水系统与建筑一体化应用技术规程》

在编四川省工程建设地方标准。

[3]1.3.1.330 《水泥发泡无机保温板应用技术规程》

在编四川省工程建设地方标准。

[3]1.3.1.331 《载体桩施工工艺规程》

在编四川省工程建设地方标准。

[3]1.3.1.332 《四川省既有建筑电梯增设及改造技术规程》

在编四川省工程建设地方标准。

[3]1.3.1.333 《非透明面板保温幕墙工程技术规程》

在编四川省工程建设地方标准。

[3]**1.3.1.334** 《建（构）筑物外立面清洗保养技术规程》

待编四川省工程建设地方标准。本规程将解决四川地区长期以来，由于缺乏相应的技术规程，存在清洗保养外墙施工操作不规范、选用材料不合适、污染环境、无验收标准的现象；为确保清洗保养施工质量，避免不恰当的施工操作造成对建筑物的损伤而编制。本规程参考了上海地区此类规范的执行情况。本规程可适用于建筑物外墙材质为天然石材、烧结材料、幕墙、涂料面层等情况。规范需对清洗保养材料进行定种类、定技术指标；对清洗保养工序进行要求；对清洗保养设备进行要求；对清洗过程的环境污染预防措施进行要求；对验收程序进行要求。

[3]**1.3.1.335** 《轻集料混凝土空心隔墙板技术规程》

待编四川省工程建设地方标准。随着建筑业的不断发展，工程中对环保型轻质材料的使用越来越多，对其经济性、适用性以及环保要求也越来越高。如何更好利用这类建筑材料既环保又经济、适用的特性，并加以充分推广和使用，是新型建筑材料发展的重要课题和必由之路。在我国积极倡导节能降耗、可持续发展的时代背景下，建筑新型材料——轻质隔墙板已大量应用，且品种繁多。但现阶段，各种轻质隔墙板的安装过程中还存在着安装不规范、不统一，且板缝容易开裂等诸多缺点，造成产品安装质量不易得到保证，尤其是经过二次装修后的返修还要引起诸多不必要的纠纷，墙板的制作和安装单位也会承受大量的经济损失。为了保证轻质隔墙板安装质量，根据已制定的国家标准《建筑用轻质隔墙条板》（GB/T 23451-2009）、《灰渣混凝土空心隔墙板》（GB/T 23449-2009），行业标准《建筑轻质条板隔墙技术规程》（JGJ/T157-2008）等，结合近年来以"轻集料混凝土空心隔墙板"为代表的轻质隔墙板在制作材料、生产工艺和施工技术上已取得的较大进步，国家和行业标准已不符合我省的实际情况，这些标准所代表的技术已不能满足我省施工的实际需要，因此我省急需制定《轻集料混凝土空心隔墙板技术规程》地方标准为其提供技术支撑。

[3]**1.3.1.336** 《合成材料跑道技术规程》

待编四川省工程建设地方标准。随着我国经济发展以及人民生活水平的提高，健康绿色环保已成为今后社会发展的主要趋势之一。跑道作为每个体育场馆、大中小学校必不可少的基础硬件，目前主要采用合成材料跑道。合成材料跑道又称塑胶跑道，是一种全天候田径运动跑道，由聚氨酯橡胶等材料组成，具有一定的弹性和色彩，以及一定的抗紫外线和耐老化能力，是国际上公认的最佳全天候室外运动场地坪材料。它具有平整度好、抗压强度高、硬度弹性适当、物理性能稳定等特性，有利于运动员速度和技术的发挥，可有效地提高运动成绩，降低摔伤率。目前，合成材料跑道的技术呈现多元化发展的局面，朝着更高性能、更低成本、更绿色环保的方向发展。现已制定了《合成材料跑道面层》《体育场地使用要求及检验方法》《体育建筑设计规范》《中小学校体育设施技术规程》等有关标准，但还没有制定专门针对合成材料跑道整个系统的专用标准。四川省内各体育场馆及大中小学校都普遍采用合成材料跑道，目前，我省大批中小学校正在进行合成材料跑道的改造及施工，急需制定符合实际情况、指导性和可操作性强、标准化的专用规程，以便指导现场施工和验收。四川盆地，特别是成都及周边地区的气候特征主要为潮湿、少风、多雨，容易对合成材料跑道面层的施工质量及耐久性产生不良影响，且部分地区还是在丘陵或湿陷性黄土等不良地质情况，对基层施工也有较高的要求。针对四川地区实际情况编制的《合成材料跑道技术规程》，有利于我省合成材料跑道施工技术的标准化、保障施工质量。该拟编标准的主要内容应包括总则、术语、符号、代号、合成材料跑道施工基层、施工面层、主要材料、检验与验收以及维护与养护等几个方面。该拟编标准贴近施工现场实际情况，能够切实起到指导施工的作用。由于各地施工工艺、气候条件及原材料不同，使得施工质量存在差异性，施工过程中的温度变化、对厚度控制的偏差都会影响合成材料跑道面层的性能。《合成材料跑道技术规程》的制定，将对合成材料跑道工程的质量控制起到积极作用。

[3]1.3.1.337　《高层建筑施工液压式保护屏技术规程》

待编四川省工程建设地方标准。高层建筑施工液压式保护屏（简称保护屏）在国外已有大量工程成功应用，在我国应用较少，四川地区已在成都实现首次应用。它是一种可靠性高、安全性强、实施便利、经济的保护屏实用技术，能实现 JGJ 80-91《建筑施工高处作业安全技术规范》的相关规定，同时能改善施工作业环境及预防工人高空作业坠落事故。该保护屏为两榀、三榀竖向爬升导轨组成一个整体爬升单元，附着在建（构）筑物上，依靠液压千斤顶提供动力，实现单元式向上爬升的建筑结构外防护设施。随着我省高层、超高层建筑的飞跃式发展，对建筑施工质量和安全提出了更高的要求；而保护屏区别于传统建筑脚手架，恰好具备质量和安全方面的技术优势。为规范建筑施工过程中保护屏的应用，使该保护屏技术能更规范地为我省建筑行业服务，本规程所述技术在国外已经成功用于迪拜塔（818 m）、意大利米兰中心、沙特阿普杜拉国王基金会大楼（600 m）、大西洋金融中心、乐天世界等近百个项目。在我省"东方希望天祥广场"工程率先引进保护屏技术，并且成功应用，技术已很成熟。本规程的编写对我省建筑施工质量和安全施工具有改善施工作业环境、消除搭设作业危险、减少高空坠落事故率、实现了该项作业的施工机械化、加快施工进度、材料一次组装、构件标准化、可周转使用、节能减排、保护环境的重要意义。

[3]1.3.1.338　《水泥基渗透结晶型防水材料施工技术规程》

待编四川省工程建设地方标准。水泥基渗透结晶型防水材料（CCCW）是以硅酸盐水泥或普通硅酸盐水泥、石英砂等为基材，掺入活性化学物质组成的一种典型的刚性防水材料。自 20 世纪 90 年代初在国内开始应用，尤其是《水泥基渗透结晶型防水材料》（GB 18445-2001）国家标准 2002 年开始实施，之后进行了修正，新版的《水泥基渗透结晶型防水材料》（GB 18445-2012）国家标准 2013 年开始实施。到目前，CCCW 已经广泛应用在水工、隧道、地下、民用建筑等防水工程中。

在建设工程中，该类产品工程应用较多，对于水泥基渗透结晶型防水材料性能、质量要求的标准已经趋于完善。但国标 GB18445-2012《水泥基渗透结晶型防水材料》对 CCCM 性能、质量的规定是从生产控制角度和材料自身进行规范控制的，对实际工程中的施工环节指导性作用不大。水泥基渗透结晶型防水材料的施工应用过程中，由于相关的施工技术规程尚未出台，施工过程中大多以生产厂家的施工说明为主，使得此类产品在施工过程中的要求以及工艺参差不齐，不利于该类材料的应用以及施工质量控制。在其他一些地区，已经出台有《水泥基渗透结晶型防水材料施工技术规程》地方标准，如辽宁省地方标准 DB 21/T1725-2009 等。

因此，有必要针对水泥基渗透结晶型防水材料，结合《水泥基渗透结晶型防水材料》（GB 18445-2012）中的产品性能要求，编制出适合于四川地区的《水泥基渗透结晶型防水材料施工技术规程》。

[3]1.3.1.339 《外墙外保温聚苯板增强网聚合物砂浆施工技术规程》

待编四川省工程建设地方标准。四川省包含 4 个气候区，2005 年以来全省新建建筑已全面实施建筑节能 50%的标准，外墙外保温在四川省已应用得非常普遍。目前外墙外保温系统应用技术规程较多，但至今没有专门针对外墙外保温系统聚苯板增强网聚合物砂浆做法的施工技术规程，不同的外保温系统施工工艺存在较大差别。根据目前我省外墙外保温施工质量的实际情况来看，很多工程都存在施工质量问题，因此有必要编制该规程来规范我省外墙外保温工程的施工质量。

[3]1.3.1.340 《外墙外保温保温装饰板施工技术规程》

待编四川省工程建设地方标准。四川省包含 4 个气候区，2005 年以来全省新建建筑已全面实施建筑节能 50%的标准，外墙外保温在四川省已应用得非常普遍。目前外墙外保温系统应用技术规程较多，但至今没有专门针对外墙外保温系统保温装饰板做法的施工技术规程，不同的外保温系统施工工艺存在较大差别。根据目前我省外墙外保温施工质量的实际情况来看，很多工程都存在施工质量问题，因此有必要编制该规程来规范我省外墙外保温工程的施工质量。

[3]1.3.1.341　《外墙外保温聚合物水泥聚苯保温板施工技术规程》

待编四川省工程建设地方标准。四川省包含 4 个气候区，2005 年以来全省新建建筑已全面实施建筑节能 50% 的标准，外墙外保温在四川省已应用得非常普遍。目前外墙外保温系统应用技术规程较多，但至今没有专门针对外墙外保温系统聚合物水泥聚苯保温板做法的施工技术规程，不同的外保温系统施工工艺存在较大差别。根据目前我省外墙外保温施工质量的实际情况来看，很多工程都存在施工质量问题，因此有必要编制该规程来规范我省外墙外保温工程的施工质量。

[3]1.3.1.342　《优秀历史建筑修缮技术规程》

待编四川省工程建设地方标准。四川境内优秀历史建筑较多，近年在对历史建筑的保护及维修过程中，由于方法不当，对优秀历史建筑造成了本质的破坏或未达到修缮的目的，而失去了历史建筑的意思。目前没有专门针对优秀历史建筑修缮方面的规程和标准。

[3]1.3.2　建筑材料专用标准

[3]1.3.2.1　《粉煤灰混凝土应用技术规范》（GBJ 146-90）

本规范适用于各类工程建设中，在施工现场、集中搅拌站和预制厂，掺用粉煤灰的无筋混凝土、钢筋混凝土及预应力钢筋混凝土。

[3]1.3.2.2　《通用硅酸盐水泥》（GB 175-2007/XG 1-2009）

本标准规定了通用硅酸盐水泥的定义与分类、组分与材料、强度等级、技术要求、试验方法、检验规则和包装、标志、运输与储存等。本标准适用于通用硅酸盐水泥。

[3]1.3.2.3　《先张法预应力混凝土管桩》（GB 13476-2009）

本标准规定了先张法预应力混凝土管桩的产品分类、原材料及一般要求、技术要求、试验方法、检验规则、标志、储存和运输、产品合格证等。本标准适用于工业与民用建筑、港口、市政、桥梁、铁路、公路、水利等工程使用的离心成型先张法预应力混凝土管桩。

[3]1.3.2.4　《高压开关设备和控制设备的抗震要求》（GB/T 13540-2009）

本标准规定了高压开关设备和控制设备的抗震要求，并明确了采用分析、试验或者两者的组合验证抗震性能的原则。本标准适用于标称电压 3 kV 及以上、频率 50 Hz 及以下的电力系统中运行的户内和户外安装的所有高压开关设备和控制设备，包括其与地面刚性连接的支撑构架。

[3]1.3.2.5　《自粘聚合物改性沥青防水卷材》（GB 23441-2009）

本标准规定了自粘聚合物改性沥青防水卷材的分类、要求、试验方法、检验规则、标志、包装、运输与储存。本标准适用于以自粘聚合物改性沥青为基料，非外露使用的无胎基或采用聚酯胎基增强的本体自粘防水卷材。本标准不适用于仅表面覆以自粘层的聚合物改性沥青防水卷材。

[3]1.3.2.6　《混凝土道路伸缩缝用橡胶密封件》（GB/T 23662-2009）

本标准规定了混凝土道路伸缩缝用橡胶密封件（以下称为密封件）的要求、试验方法、标志、包装、运输、储存。本标准适用于混凝土结构的道路伸缩缝用密封件，不适用于沥青等其他结构的道路伸缩缝用密封件。

[3]1.3.2.7　《防火封堵材料》（GB 23864-2009）

本标准规定了防火封堵材料的术语和定义、分类与标记、要求、试验方法、检验规则、综合判定准则及包装、标志、储存、运输等内容。本标准适用于在建筑物、构筑物以及各类设施中的各种贯穿孔洞、构造缝隙所使用的防火封堵材料或防火封堵组件，建筑配件内部使用的防火膨胀密封件和硬聚氯乙烯建筑排水管道阻火圈除外。

[3]1.3.2.8　《建筑窗用内平开下悬五金系统》（GB/T 24601-2009）

本标准规定了建筑窗用内平开下悬五金系统的术语和定义、分类和标记、要求、试验方法、检验规则及标志、包装、运输、储存。本标准适用于建筑内平开下悬窗用内平开下悬五金系统和下悬内平开五金系统。

[3]1.3.2.9　《泡沫混凝土砌块用钢渣》（GB/T 24763-2009）

本标准规定了泡沫混凝土砌块用钢渣的术语和定义、规格、技术要求、试验方法、验收规则、包装、标志、储存、运输和质量证明书。本标准适用于建筑围护结构泡沫混凝土砌块用钢渣粉、钢渣砂。

[3]1.3.2.10　《外墙外保温抹面砂浆和粘结砂浆用钢渣砂》（GB/T 24764-2009）

本标准规定了用于外墙外保温抹面砂浆和粘结砂浆用钢渣砂的术语和定义、规格、技术要求、试验方法、验收规则、包装、标志、储存、运输和质量证明书。本标准适用于膨胀聚苯板薄抹灰外墙外保温系统中抹面胶浆和胶粘剂使用的钢渣砂。

[3]1.3.2.11　《耐磨沥青路面用钢渣》（GB/T 24765-2009）

本标准规定了耐磨沥青路面用钢渣的术语和定义、规格、技术要求、试验方法、检验规则、储存、运输和质量证明书等。本标准适用于道路工程中具有较高耐磨要求的沥青路面。

[3]1.3.2.12　《水泥基灌浆材料应用技术规范》（GB/T 50448-2008）

本规范适用于水泥基灌浆材料应用的检验与验收，灌浆工程的设计、施工、质量控制与工程验收。

[3]1.3.2.13　《隔热耐磨衬里技术规范》（GB 50474-2008）

本规范适用于催化裂化装置反应再生系统设备的隔热耐磨衬里设计、施工及验收。

[3]1.3.2.14 《重晶石防辐射混凝土应用技术规范》（GB/T 50557-2010）

本规范适用于工业、农业、医疗、人防和科研实验等方面的现浇重晶石防辐射混凝土工程的设计、施工和质量验收，不适用于因环境温度或辐射发热导致结构内部温度超过80 ℃的工程。

[3]1.3.2.15 《纤维增强复合材料建设工程应用技术规范》（GB 50608-2010）

本规范适用于混凝土结构和砌体结构采用粘贴纤维增强复合材料片材加固修复的设计、施工与验收，以及纤维增强复合材料筋及预应力纤维增强复合材料筋混凝土结构构件、纤维增强复合材料管混凝土构件和纤维增强复合材料-混凝土组合梁的设计与施工。

[3]1.3.2.16 《工程结构加固材料安全性鉴定技术规范》（GB 50728-2011）

本规范适用于结构加固工程中应用的材料及制品的安全性检验与鉴定。

[3]1.3.2.17 《预防混凝土碱骨料反应技术规范》（GB/T 50733-2011）

本规范适用于建设工程中混凝土碱骨料反应的预防。

[3]1.3.2.18 《滚轧直螺纹钢筋连接接头》（JG 163-2004）

本标准规定了滚轧直螺纹钢筋连接接头的要求、抽样、试验方法、分类和标记。本标准适用于以混凝土结构用 HRB335 级、HRB400 级、RRB400 级钢筋（可直接滚轧或经前期加工）最终以滚轧加工形成直螺纹的各种形式的钢筋连接接头。

[3]1.3.2.19 《镦粗直螺纹钢筋接头》（JG 171-2005）

本标准规定了镦粗直螺纹钢筋接头的产品分类、技术要求、试验方法、检验规则以及标志、包装、运输、储存等内容。本标准适用于 HRB335、HRB400 级热轧带肋钢筋制作的镦粗直螺纹钢筋接头。余热处理钢筋可参考使用。

[3]1.3.2.20 《冷拔低碳钢丝应用技术规程》（JG J19-2010）

本规程适用于冷拔低碳钢丝的加工、验收及其在建筑工程、混凝土制品中的应用。

[3]1.3.2.21 《建筑砂浆基本性能试验方法》（JGJ 70-2009）

本标准适用于以无机胶凝材料、细集料、掺合料为主要材料，用于工业与民用建筑物（构筑物）的砌筑、抹灰、地面工程及其他用途的建筑砂浆的基本性能试验。

[3]1.3.2.22 《钢框胶合板模板技术规程》（JGJ 96-2011）

本规程适用于现浇混凝土结构和预制构件所采用的钢框胶合板模板的设计、制作和施工应用。

[3]1.3.2.23 《建筑玻璃应用技术规程》（JGJ 113-2009）

本规程适用于建筑玻璃的设计及安装。

[3]**1.3.2.24** 《建筑陶瓷薄板应用技术规程》（JGJ/T 172-2012）

本规程包括：总则；术语和符号；材料；粘贴设计；陶瓷薄板幕墙设计；加工制作；安装施工；工程验收；保养与维护。

[3]**1.3.2.25** 《补偿收缩混凝土应用技术规程》（JGJ/T 178-2009）

本规程适用于补偿收缩混凝土的设计、施工及验收。

[3]**1.3.2.26** 《钢筋阻锈剂应用技术规程》（JGJ/T 192-2009）

本规程适用于钢筋混凝土结构采用钢筋阻锈剂进行钢筋防护时的钢筋阻锈剂选用、检验、施工及质量验收。

[3]**1.3.2.27** 《纤维混凝土应用技术规程》（JGJ/T 221-2010）

本规程适用于钢纤维混凝土和合成纤维混凝土的配合比设计、施工、质量检验和验收。

[3]**1.3.2.28** 《预拌砂浆应用技术规程》（JGJ/T 223-2010）

本规程适用于水泥基砌筑砂浆、抹灰砂浆、地面砂浆、防水砂浆、界面砂浆和陶瓷砖粘结砂浆等预拌砂浆的施工与质量验收。

[3]**1.3.2.29** 《再生骨料应用技术规程》（JGJ/T 240-2011）

本规程适用于再生骨料在建筑工程中的应用。

[3]**1.3.2.30** 《人工砂混凝土应用技术规程》（JGJ/T 241-2011）

本规程适用于人工砂混凝土的原材料质量控制、配合比设计、施工、质量检验与验收。

[3]**1.3.2.31** 《混凝土结构工程无机材料后锚固技术规程》（JGJ/T 271-2012）

本规范适用于钢筋混凝土、预应力混凝土以及素混凝土结构采用无机材料进行后锚固工程的设计、施工与验收；不适用于轻骨料混凝土及特种混凝土结构的后锚固。

[3]**1.3.2.32** 《淤泥多孔砖应用技术规程》（JGJ/T 293-2013）

本规程包括：总则；术语和符号；材料；建筑和节能设计；结构静力设计；抗震设计；施工和质量验收。

[3]**1.3.2.33** 《混凝土结构防护用成膜型涂料》（JG/T 335-2011）

本标准规定了混凝土结构防护用成膜型涂料的术语和定义、分类和标记、要求、试验方法、检验规则以及标志、包装、运输和储存。本标准适用于混凝土结构防护用成膜型涂料。

[3]**1.3.2.34** 《混凝土结构修复用聚合物水泥砂浆》（JG/T 336-2011）

本标准规定了混凝土结构修复用聚合物水泥砂浆的术语和定义、分类和标记、原材料、要求、试验方法、检验规则、标志、包装、运输和储存。本标准适用于混凝土结构修复用聚合物水泥砂浆。

[3]1.3.2.35 《混凝土结构防护用渗透型涂料》（JG/T 337-2011）

本标准规定了混凝土结构防护用渗透性涂料的术语和定义、分类和标记、要求、试验方法、检验规则、标志、包装、运输和储存。本标准适用于混凝土结构防护用渗透性涂料。

[3]1.3.2.36 《冲击法检测硬化砂浆抗压强度技术规程》（YB 9248-92）

本规程适用于工业与民用建筑工程中已硬化的普通砌筑砂浆抗压强度（以下简称砂浆强度）的检测。

[3]1.3.2.37 《再生骨料混凝土应用技术规程》

在编四川省工程建设地方标准。

[3]1.3.3 建筑检测技术专用标准

[3]1.3.3.1 《工业构筑物抗震鉴定标准》（GBJ 117-88）

本标准适用于抗震鉴定和加固的烈度为 7 度、8 度和 9 度，且未经抗震设计的已有工业构筑物的抗震鉴定和加固。

[3]1.3.3.2 《蒸压加气混凝土性能试验方法》（GB/T 11969-2008）

本标准规定了蒸压加气混凝土的干密度、含水率、吸水率、力学性能（抗压强度、劈裂抗拉强度、抗折强度、轴心抗压强度、静力受压弹性模量）、干燥收缩、抗冻性、碳化、干湿循环的试验方法、结果评定和试验报告。本标准适用于蒸压加气混凝土。

[3]1.3.3.3 《建筑施工场界噪声测量方法》（GB 12523-2011）

本标准规定了建筑施工场界环境噪声排放限值及测量方法。本标准适用于周围有噪声敏感建筑物的建筑施工噪声排放的管理、评价及控制。市政、通信、交通、水利等其他类型的施工噪声排放可参照本标准执行。本标准不适用于抢修、抢险施工过程中产生噪声的排放监管。

[3]1.3.3.4 《建筑幕墙抗震性能振动台试验方法》（GB/T 18575-2001）

本标准规定了用振动台法进行建筑幕墙抗震性能试验的范围、定义和试验方法。

[3]1.3.3.5 《建筑抗震鉴定标准》（GB 50023-2009）

本标准适用于抗震设防烈度为 6～9 度地区的现有建筑的抗震鉴定，不适用于新建建筑工程的抗震设计和施工质量的评定。

[3]1.3.3.6 《砌体基本力学性能试验方法标准》（GB/T 50129-2011）

本标准适用于砌体结构工程各类砌体的基本力学性能试验与检验。对研制的新型块体或砌筑砂浆，亦应按本标准进行砌体基本力学性能试验。

[3]1.3.3.7 《工业建筑可靠性鉴定标准》（GB 50144-2008）

本标准适用于下列既有工业建筑的可靠性鉴定：以混凝土结构、钢结构、砌体结构为承重结构的单层和多层厂房等建筑物；烟囱、储仓、通廊、水池等构筑物。

[3]1.3.3.8 《砌体工程现场检测技术标准》（GB/T 50315-2011）

本标准适用于下列砌体工程中砖砌体和砂浆的现场检测和强度推定：

① 新建工程，检测和评定砂浆或砖砌体的强度，应按国家现行标准《砌体工程施工及验收规范》GB 50203、《建筑工程质量检验评定标准》GBJ 301、《砌体基本力学性能试验方法标准》GBJ 129 等执行；当遇到下列情况之一时，应按本标准检测和推定砂浆或砖砌体的强度：砂浆试块缺乏代表性或试件数量不足；对砂浆试块的试验结果有怀疑或争议，需要确定实际的砌体抗压、抗剪强度；发生工程事故，或对施工质量有怀疑和争议，需要进一步分析砖、砂浆和砌体的强度。

注：砖的强度等级，按现行产品标准抽样检测。

② 已建砌体工程，在进行下列可靠性鉴定时，应按本标准检测和推定砂浆的强度或砖砌体的工作应力、弹性模量和强度：静力安全鉴定及危房鉴定或其他应急鉴定；抗震鉴定；大修前的可靠性鉴定；房屋改变用途、改建、加层或扩建前的专门鉴定。

[3]1.3.3.9 《建筑结构检测技术标准》（GB/T 50344-2004）

本标准适用于建筑结构质量检测，主要内容为结构检测的基本要求、砌体结构、钢筋混凝土结构、钢结构和木结构的基本检测方法及结果评价等。

[3]1.3.3.10 《钢结构现场检测技术标准》（GB/T 50621-2010）

本标准适用于钢结构中有关连接、变形、钢材厚度、钢材品种、涂装厚度、动力特性等的现场检测及检测结果的评价。

[3]1.3.3.11 《盾构隧道管片质量检测技术标准》（CJJ/T 164-2011）

本标准适用于采用盾构法施工的盾构隧道混凝土管片和钢管片进场拼装施工前的检测和质量验收。

[3]1.3.3.12 《城镇排水管道检测与评估技术规程》（CJJ 181-2012）

本规程适用于对既有城镇排水管道及其附属构筑物进行的检测与评估。

[3]1.3.3.13 《建筑变形测量规范》（JGJ 8-2007）

本规范适用于工业与民用建筑的地基、基础、上部结构及场地的沉降测量、位移测量和特殊变形测量。

[3]1.3.3.14 《回弹法检测混凝土抗压强度技术规程》（JGJ/T 23-2011）

本规程适用于普通混凝土抗压强度（以下简称混凝土强度）的检测，不适用于表层与内部质量有明显差异或内部存在缺陷的混凝土强度检测。

[3]1.3.3.15 《钢筋焊接接头试验方法标准》（JGJ/T 27-2001）

本标准适用于工业与民用建筑及一般构筑物的混凝土结构中的钢筋焊接接头的拉伸、剪切、弯曲、冲击和疲劳等试验。

[3]1.3.3.16 《建筑抗震试验方法规程》（JGJ 101-96）

本规程适用于建筑物和构筑物的抗震试验。本规程不适用于有特殊要求的研究性试验。

[3]1.3.3.17 《建筑基桩检测技术规范》（JGJ 106-2003）

本规范适用于建筑工程基桩的承载力和桩身完整性的检测与评价。

[3]1.3.3.18 《建筑工程饰面砖粘结强度检验标准》（JGJ 110-2008）

本标准适用于建筑工程外墙饰面砖粘结强度的检验。

[3]1.3.3.19 《贯入法检测砌筑砂浆抗压强度技术规程》（JGJ/T 136-2001）

本规程适用于工业与民用建筑砌体工程中砌筑砂浆抗压强度的现场检测，并作为推定抗压强度的依据。本规程不适用于遭受高温、冻害、化学侵蚀、火灾等表面损伤的砂浆检测，以及冻结法施工的砂浆在强度回升期阶段的检测。

[3]1.3.3.20 《建筑门窗玻璃幕墙热工计算规程》（JGJ/T 151-2008）

本规程适用于建筑工程中作为外围护结构使用的建筑外门窗、玻璃幕墙的传热系数、遮阳系数、可见光透射比、结露性能的计算。本规程适用于建筑工程中作为外围护结构使用的建筑外门窗、玻璃幕墙的传热系数、遮阳系数、可见光透射比、结露性能的计算。

[3]1.3.3.21 《混凝土中钢筋检测技术规程》（JGJ/T 152-2008）

本规程适用于混凝土结构及构件中钢筋的间距、公称直径、锈蚀性状及混凝土保护层厚度的现场检测。

[3]1.3.3.22 《锚杆锚固质量无损检测技术规程》（JGJ/T 182-2009）

本规程适用于建筑工程全长粘结锚杆锚固质量的无损检测。

[3]1.3.3.23 《建筑工程检测试验技术管理规范》（JGJ 190-2010）

本规范适用于建筑工程现场检测试验的技术管理。本规范规定了建筑工程现场检测试验技术管理的基本要求。

[3]1.3.3.24 《钢结构超声波探伤及质量分级法》（JG/T 203-2007）

本标准规定了检测网络钢结构及其圆管相贯节点焊接接头和钢管对接焊缝即管节点用斜探头接触法超声波探伤及评定质量的技术方法。同时还规定了建筑钢结构，包括钢屋架、格构柱（梁）钢构件、钢刚架、吊车梁、焊接 H 型钢、箱形钢框架柱、梁、桁架或框架梁中焊接组合构件和钢建筑、构筑物等即板节点用超声波探伤，以及根据超声探伤的结果进行质量分级的方法。本标准适用于母材壁厚不小于 4 mm、球径不小于 120 mm、管径不小于 60 mm 焊接空心球及球管焊接接头；母材壁厚不小于 3.5 mm、管径不小于 48 mm 螺栓球节点杆件与锥头或封板焊接接头；支管管径不小于 89 mm、壁厚不小于 6 mm、局部二面角不小于 30°、支管壁厚外径比在 13% 以下的圆管相贯节点碳素结构钢和低合金高强度结构钢焊接接头的超声波探伤及质量分级。也适用于铸钢件、奥氏体球管和相贯节点焊接接头以及圆管对接或焊管焊缝的检测。本标准还适用于母材厚度不小于 4 mm 碳素结构钢和低合金高强度结构钢的钢板对接全焊透接头、箱形构件的电渣焊接头、T 型接头、搭接角接接头等焊接接头以及钢结构用板材、锻件、铸钢件的超声波检测。也适用于方形矩形管节点、地下建筑结构钢管桩、先张法预应力管桩端板的焊接接头以及板壳结构曲率半径不小于 1 000 mm 的环缝和曲率半径不小于 1 500 mm 的纵缝的检测。

[3]1.3.3.25 《建筑门窗工程检测技术规程》（JGJ/T 205-2010）

本规程适用于新建、扩建和改建门窗工程质量的检测和既有建筑门窗性能的检测，不适用于建筑特种门窗工程检测。

[3]1.3.3.26 《后锚固法检测混凝土抗压强度技术规程》（JGJ/T 208-2010）

本规程适用于后锚固法检测普通混凝土强度。

[3]1.3.3.27 《建筑外窗气密、水密、抗风压性能现场检验方法》（JG/T 211-2007）

本标准规定了建筑外窗气密、水密、抗风压性能现场检测方法的性能评价及分级、现场检测、检测结果的评定、检测报告。本标准适用于已安装的建筑外窗气密、水密及抗风压性能的现场检测。检测对象除建筑外窗本身外还可包括其安装连接部位。建筑外门可参照本标准。本标准不适用于建筑外窗产品的型式检验。

[3]1.3.3.28 《择压法检测砌筑砂浆抗压强度技术规程》（JGJ/T 234-2011）

本规程适用于烧结普通砖、烧结多孔砖、烧结空心砖砌体结构中水泥砂浆、混合砂浆抗压强度的现场检测和推定。

[3]1.3.3.29 《采暖通风与空气调节工程检测技术规程》（JGJ/T 260-2011）

本规程适用于采暖通风与空气调节工程中基本技术参数性能指标测试，以及采暖、通风、空调、洁净、恒温恒湿工程的试验、试运行及调试的检测。本规程包括：总则；基本规定；基本技术参数测试方法；采暖工程；通风与空调工程；洁净工程；恒温恒湿工程。

[3]1.3.3.30 《红外热像法检测建筑外墙饰面粘结质量技术规程》（JGJ/T 277-2012）

本规程适用于建筑外墙采用满粘法施工的饰面层粘结质量检测，不适用于下列饰面层的粘结质量检测：采用混色饰面砖或涂料，且影响检测结果判断的饰面层；表面有较大凹凸装饰的饰面层。

[3]1.3.3.31 《建筑防水工程现场检测技术规范》（JGJ/T 299-2013）

本规范适用于新建、改扩建及既有建筑防水工程的现场检测。

[3]1.3.3.32 《高强混凝土强度检测技术规程》（JGJ/T 294-2013）

本规程适用于工程结构中强度等级为 C50～C100 的混凝土抗压强度检测。本规程不适用于下列情况的混凝土抗压强度检测：遭受严重冻伤、化学侵蚀、火灾而导致表里质量不一致的混凝土和表面不平整的混凝土；潮湿的和特种工艺成型的混凝土；厚度小于 150 mm 的混凝土构件；所处环境温度低于 0 ℃ 或高于 40 ℃ 的混凝土。

[3]1.3.3.33 《建筑工程施工过程结构分析与检测技术规范》（JGJ/T 302-2013）

本规范包括：总则；术语和符号；基本规定；施工过程结构分析；变形监测；应力监测；温度和风荷载监测。

[3]1.3.3.34 《动力机器基础地基动力特性测试规程》（YS 5222-2000）

本规程适用于原位测试确定天然地基（包括湿陷性黄土、红黏土、软土、膨胀土、残积土等各种特殊土）、人工地基（包括换填法、预压法、强夯法、振冲法、土或灰土挤密桩法、砂石桩法、深层搅拌法、高压喷射注浆法等人工加固的地基）及桩基的动力特性参数。

[3]1.3.3.35 《回弹法评定砖砌体中砌筑砂浆抗压强度技术规程》（DBJ 20-06-90）

本规程适用于四川省工业与民用建筑和一般构筑物烧结普通砖砌体中砌筑砂浆抗压强度的评定。

[3]1.3.3.36 《回弹法评定砌体中烧结普通砖强度等级（标号）技术规程》（DBJ 20-8-90）

本规程适用于四川省评定砖砌体中以黏土、页岩、煤矸石为主要原料的实心烧结普通砖的抗压强度或强度等级（标号）。不宜用于低于 MU5（50）砖的强度等级（标号）的评定。

[3]1.3.3.37 《回弹法检测高强混凝土抗压强度技术规程》（DBJ 51/T018-2013）

本规程适用于四川地区工程结构中（50.0～100.0）MPa混凝土抗压强度的检测。

[3]1.3.3.38 《在用建筑塔式起重机安全性鉴定标准》（DBJ 51/T5063-2009）

本标准适用于四川省境内的建筑施工现场在用塔式起重机的检测鉴定。本标准包括：总则；术语及符号；基本规定；机构的安全性鉴定等级；钢结构的安全性鉴定等级；电气系统的安全性鉴定等级；安装后的整机检测；塔式起重机安全性鉴定等级。

[3]1.3.3.39 《农村危险房屋鉴定标准》

本标准为确保既有农村房屋的安全使用，正确判断农村房屋结构危险程度，及时治理危险房屋而制定。

[3]1.3.3.40 《桩承载力自平衡法测试技术规程》

在编四川省工程建设地方标准。

[3]1.3.3.41 《建筑结构加固效果评定标准》

在编四川省工程建设地方标准。

[3]1.3.4 建筑施工质量验收专用标准

[3]1.3.4.1 《水泥混凝土路面施工及验收规范》（GBJ 97-87）

本规范适用于新建和改建的公路、城市道路、厂矿道路和民航机场道面等就地浇筑的水泥混凝土路面的施工及验收。本规范包括：总则；施工准备；基层与垫层；水泥混凝土板施工；水泥混凝土路面质量检查和竣工验收；安全生产。

[3]1.3.4.2 《电梯安装验收规程》（GB 10060-2011）

本标准适用于额定速度不大于 6.0 m/s 的电力驱动曳引式和额定速度不大于 0.63 m/s 的电力驱动强制式乘客电梯、载货电梯。额定速度大于 6.0 m/s 的电力驱动曳引式乘客电梯和载货电梯可参照本标准执行，不适用部分由制造商与客户协商确定。消防员电梯和适合残障人员使用的电梯等特殊用途的电梯，应按照相应的产品标准调整验收内容。本标准不适用于液压电梯、杂物电梯、仅载货电梯和家用电梯。

[3]1.3.4.3 《烟囱工程施工及验收规范》（GB 50078-2008）

本规范适用于砖烟囱、钢筋混凝土烟囱和钢烟囱工程的施工及验收。

[3]1.3.4.4 《自动化仪表工程施工及质量验收规范》（GB 50093-2013）

本规范适用于自动化仪表工程的施工及质量验收。本规范不适用于制造、储存、使用爆炸物质的场所以及交通工具、矿井井下等自动化仪表安装工程。本规范包括：总则；术语；基本规定；仪表设备和材料的检验及保管；取源部件安装；仪表设备安装；仪表线路安装；仪表管道安装；脱脂；电气防爆和接地；防护；仪表试验；工程交接验收等。

[3]1.3.4.5 《人民防空工程施工及验收规范》（GB 50134-2004）

本规范适用于新建、扩建和改建的各类人防工程的施工及验收。本规范包括：总则；术语；坑道；地道掘进；不良地质地段施工；逆作法施工；钢筋混凝土施工；顶管施工；盾构施工；孔口防护设施的制作及安装；管道与附件安装；设备安装。

[3]1.3.4.6 《给水排水构筑物工程施工及验收规范》（GB 50141-2008）

本规范适用于城镇和工业给水排水构筑物的施工及验收，不适用于工业中具有特殊要求的给水排水构筑物。本规范包括给水排水构筑物及其分项工程施工技术、质量、施工安全方面规定；施工质量验收的标准、内容和程序。

[3]1.3.4.7 《电气安装高压电器施工与验收规范》（GB 50147-2010）

本规范适用于交流 3 kV～750 kV 电压等级的六氟化硫断路器、气体绝缘金属封闭开关设备（GS）、复合开关柜、隔离开关、负荷开关、高压熔断器、避雷器和中性点放电间隙、干式电抗器和阻波器、电容器等高压电器安装工程的施工及质量验收。本规范包括：总则；术语；基本规定；六氟化硫断路器；气体绝缘金属封闭开关设备；真空断路器和高压开关柜；断路器的操动机构；隔离开关、负荷开关及高压熔断器；避雷器和中性点放电间隙；干式电抗器和阻波器；电容器。

[3]1.3.4.8 《电气装置安装工程　电力变压器、油浸电抗器、互感器施工及验收规范》（GB 50148-2010）

本规范适用于交流 3 kV～750 kV 电压等级电力变压器、油浸电抗器、电压互感器及电流互感器施工及验收，消弧线圈的安装可按本规范的有关规定执行。

[3]1.3.4.9 《电气装置安装工程母线装置施工及验收规范》（GB 50149-2010）

本规范适用于 750 kV 及以下母线装置安装工程的施工及验收。本规范包括：总则；术语；母线安装；绝缘子与穿墙套管安装；工程交接验收。

[3]1.3.4.10 《电气装置安装工程电气设备交接试验标准》（GB 50150-2006）

本标准适用于 500 kV 及以下电压等级新包装的、按照国家相关出厂试验标准试验合格的电气设备交接试验。本标准不适用于安装在煤矿井下或其他有爆炸危险场所的电气设备。

[3]1.3.4.11 《火灾自动报警系统施工及验收规范》（GB 50166-2007）

本规范适用于工业与民用建筑中设置的火灾自动报警系统的施工及验收，不适用于火药、炸药、弹药、火工品等生产和储存场所设置的火灾自动报警系统的施工及验收。

[3]1.3.4.12 《电气装置安装工程电缆线路施工及验收规范》（GB 50168-2006）

本标准规定了电力线路安装工程及附属设备和构筑物设施的施工及验收的技术要求。本标准适用于额定电压为 500 kV 及以下的电力电缆线路及其附属设备和构筑物设施。控制电缆及导引电缆可以参照使用。

[3]1.3.4.13 《电气装置安装工程接地装置施工及验收规范》（GB 50169-2006）

本标准适用于电力装置的接地装置安装工程的施工及验收。本规范包括：总则；术语和定义；电气装置的接地；工程交接验收。

[3]1.3.4.14 《电气装置安装工程旋转电机施工及验收规范》（GB 50170-2006）

本规程适用于旋转电机中的汽轮发电机、调相机和电动机安装工程的施工及验收，不适用于水轮发电机的施工及验收。

[3]**1.3.4.15** 《电气装置安装工程盘、柜及二次回路接线施工及验收规范》（GB 50171-2012）

本规范适用于各类配电盘、保护盘、控制盘、屏、台、箱和成套柜等及其二次回路接线安装工程的施工及验收。本规范包括：总则；术语；基本规定；盘、柜的安装；盘、柜上的电器安装；二次回路接线；盘、柜及二次系统接地；质量验收。

[3]**1.3.4.16** 《电气装置安装工程蓄电池施工及验收规范》（GB 50172-2012）

本规范适用于电压为 24 V 及以上、容量为 30 A·h 及以上的固定型铅酸蓄电池组和容量为 10 A·h 及以上的镉镍碱性蓄电池组安装工程的施工及验收。本规范包括：总则；术语和符号；基本规定；阀控式密封铅酸蓄电池组；镉镍碱性蓄电池组；质量验收。

[3]**1.3.4.17** 《砌体结构工程施工质量验收规范》（GB 50203-2011）

本规范适用于建筑工程的砖、石、小砌块等砌体结构工程的施工质量验收。本规范不适用于铁路、公路和水工建筑等砌石工程。本规范包括：总则；术语；基本规定；砌筑砂浆；砖砌体工程；混凝土小型空心砌块砌体工程；石砌体工程；配筋砌体工程；填充墙砌体工程；冬期施工；子分部工程验收。

[3]**1.3.4.18** 《地下防水工程施工质量验收规范》（GB 50208-2011）

本规范适用于房屋建筑、防护工程、市政隧道、地下铁道等地下防水工程质量验收。本规范包括：总则；术语；基本规定；主体结构防水工程；细部构造防水工程；特殊施工法结构防水工程；排水工程；注浆工程；子分部工程质量验收。

[3]**1.3.4.19** 《建筑防腐蚀工程施工及验收规范》（GB 50212-2002）

本标准适用于新建、扩建、改建的建筑物和构筑物防腐蚀工程的施工及验收。

[3]**1.3.4.20** 《建筑防腐蚀工程施工质量验收规范》（GB 50224-2010）

本规范适用于新建、改建、扩建的建筑物和构筑物防腐蚀工程的施工及验收。本规范包括：总则；术语；基本规定；基层处理工程；块材防腐蚀工程；水玻璃类防腐蚀工程；树脂类防腐蚀工程；沥青类防腐蚀工程；聚合物水泥砂浆防腐蚀工程；涂料类防腐蚀工程；聚氯乙烯塑料板防腐蚀工程；分部（子分部）工程验收。

[3]**1.3.4.21** 《机械设备安装工程施工及验收通用规范》（GB 50231-2009）

本规范适用于各类机械设备安装工程施工及验收的能用性部分。本规范包括：总则；施工准备；放线就位和找正调平；地脚螺栓；垫铁和灌浆；装配；液压；气动和润滑管道的安装；试运转；工程验收。

[3]**1.3.4.22** 《建筑给水排水及采暖工程施工质量验收规范》（GB 50242-2002）

本规范适用于建筑给水、排水及采暖工程施工质量的验收。本规范主要规定了工程质量验收的划分，程序和组织应按照国家标准《建筑工程施工质量验收统一标准》GB 50300

的规定执行；提出了使用功能的检验和检测内容；列出了各分项工程中主控项目和一般项目的质量检验方法。

[3]1.3.4.23 《电气装置安装工程低压电器施工及验收规范》（GB 50254-96）

本规范适用于交流 50 Hz 额定电压 1 200 V 及以下、直流额定电压为 1 500 V 及以下且在正常条件下安装和调整试验的通用低压电器，不适用于无须固定安装的家用电器、电力系统保护电器、电工仪器仪表、变送器、电子计算机系统及成套盘、柜、箱上电器的安装和验收。

[3]1.3.4.24 《电气装置安装工程电力变流设备施工及验收规范》（GB 50255-96）

本规范适用于电力电子器件及变流变压器等组成的电力变流设备安装工程的施工、调试及验收。本规范包括：总则；电力变流设备的冷却系统；电力变流设备的安装；电力变流设备的试验；一般规定、变流装置的试验；电力变流设备的工程交接验收。

[3]1.3.4.25 《电气装置安装工程起重机电气装置施工及验收规范》（GB 50256-96）

本规范适用于额定电压 0.5 kV 以下新安装的各式起重机、电动葫芦的电气装置和 3 kV 及以下滑接线安装工程的施工及验收。

[3]1.3.4.26 《电气装置安装工程爆炸和火灾危险环境电气装置施工及验收规范》（GB 50257-96）

本规范适用于在生产、加工、处理、转运或储存过程中出现或可能出现气体、蒸汽、粉尘、纤维爆炸性混合物和火灾危险物质环境的电气装置安装工程的施工及验收。

[3]1.3.4.27 《自动喷水灭火系统施工及验收规范》（GB 50261-2005）

本规范适用于建筑物、构筑物设置的自动喷水灭火系统的施工、验收及维护管理。本规范包括：总则；术语；基本规定；供水设施安装与施工；管网及系统组件安装；系统试压和冲洗；系统调试；系统验收；维护管理。

[3]1.3.4.28 《气体灭火系统施工及验收规范》（GB 50263-2007）

本规范适用于新建、扩建、改建工程中设置的气体灭火系统工程施工及验收、维护管理。

[3]1.3.4.29 《给水排水管道工程施工及验收规范》（GB 50268-2008）

本规范适用于新建、扩建和改建城镇公共设施和工业企业的室外给排水管道工程的施工及验收；不适用于工业企业中具有特殊要求的给排水管道施工及验收。本规范包括：总则；术语；基本规定；土石方与地基处理；开槽施工管道主体结构；不开槽施工管道主体结构；沉管和桥管施工主体结构；管道附属构筑物；管道功能性试验及附录。

[3]1.3.4.30 《压缩机、风机、泵安装工程施工及验收规范》（GB 50275-2010）

本规范适用于下列风机、压缩机、泵安装工程的施工及验收：离心通风机、离心鼓风机、轴流通风机、轴流鼓风机、罗茨和叶式鼓风机、防爆通风机和消防排烟通风机；容积式的往复活塞式、螺杆式、滑片式、隔膜式压缩机，轴流压缩机和离心压缩机；离心泵、井用泵、隔膜泵、计量泵、混流泵、轴流泵、旋涡泵、螺杆泵、齿轮泵、转子式泵、潜水泵、水轮泵、水环泵、往复泵。本规范包括：总则；风机；压缩机；泵；工程验收。

[3]**1.3.4.31** 《泡沫灭火系统施工及验收规范》（GB 50281-2006）

本规范适用于新建、扩建、改建工程中设置的低倍数、中倍数和高倍数泡沫灭火系统工程的施工及验收、维护管理。

[3]**1.3.4.32** 《综合布线系统工程验收规范》（GB 50312-2007）

本规范适用于新建、扩建和改建建筑与建筑群综合布线系统工程验收规范。本规范包括：总则；环境检查；器材及测试仪表工具检查；设备安装检验；缆线的敷设和保护方式检验；缆线终接；工程电气测试。

[3]**1.3.4.33** 《城市污水处理厂工程质量验收规范》（GB 50334-2002）

本规范适用于新建、扩建、改建的城市污水处理厂工程施工质量验收。本规范包括：总则；术语；基本规定；施工测量；地基与基础工程；污水处理构筑物；污泥处理构筑物；泵房工程；管线工程；沼气柜（罐）和压力容器工程；机电设备安装工程；自动控制及监事系统；厂区配套工程。

[3]**1.3.4.34** 《建筑内部装修防火施工及验收规范》（GB 50354-2005）

本规范适用于工业与民用建筑内部装修工程的防火施工与验收，不适用于古建筑和木结构建筑的内部装修规程的防火施工与验收。本规范包括：总则；基本规定；纺织织物子分部装修工程；木质材料子分部装修工程；高分子合成材料子分部装修工程；复合材料子分部装修工程；其他材料子分部装修工程；工程质量验收。

[3]**1.3.4.35** 《城市轨道交通自动售票检票系统工程质量验收规范》（GB 50381-2010）

本规范包括：总则；术语；基本规定；管槽安装及检验；线缆敷设及检测；设备安装与配线；车票；车站终端设备检测；车站计算机系统检测；线路中央计算机系统检测；票务清分系统检测；电源；接地；防雷与电磁兼容；单位工程观感质量。

[3]**1.3.4.36** 《城市轨道交通通信工程质量验收规范》（GB 50382-2006）

本规范适用于城市轨道交通（包括城市地铁、轻轨、快轨和磁浮等）通信工程质量的验收。

[3]**1.3.4.37** 《建筑节能工程施工质量验收规范》（GB 50411-2007）

本规范适用于新建、改建和扩建的民用建筑工程中墙体、幕墙、门窗、屋面、地面、采暖、通风与空调、空调与采暖系统的冷热源及管网、配电与照明、监测与控制等建筑节能工程施工质量的验收。

[3]1.3.4.38　《盾构法隧道施工与验收规范》（GB 50446-2008）

本规范适用于采用盾构法施工、预制管片拼装隧道衬砌结构的施工与质量验收。本规范包括：总则；术语；基本规定；施工准备；施工测量；管片制作；盾构掘进施工；特殊地段施工；管片拼装；壁后注浆；隧道防水；施工安全；卫生与环境保护；盾构的保养与维修；隧道施工运输；监控量测；钢筋混凝土管片验收；成型隧道验收。

[3]1.3.4.39　《电子信息系统机房施工及验收规范》（GB 50462-2008）

本规范适用于建筑中新建、改建和扩建的电子信息系统机房工程的施工及验收。本规范包括：总则；术语；基本规定；供配电系统；防雷与接地系统；空气调节系统；给水排水系统；综合布线；监控与安全防范；消防系统；室内装饰装修；电磁屏蔽；综合测试；工程竣工验收与交接。

[3]1.3.4.40　《固定消防炮灭火系统施工与验收规范》（GB 50498-2009）

本规范包括：总则；术语；进场检验；系统组件安装与施工；电气安装与施工；系统试压与冲洗；系统调试；系统验收；维护管理等。

[3]1.3.4.41　《建筑结构加固工程施工质量验收规范》（GB 50550-2010）

本规范适用于混凝土结构、砌体结构和钢结构加固工程的施工过程控制和施工质量验收。

[3]1.3.4.42　《双曲线冷却塔施工与质量验收规范》（GB 50573-2010）

本规范适用于钢筋混凝土双曲线冷却塔工程的施工及质量验收。本规范包括：总则；术语；基本规定；地下工程；斜支柱工程；筒壁工程；塔芯结构工程；塔芯安装工程；防水、防腐蚀工程；附属工程；冬期施工；施工安全；工程质量验收。

[3]1.3.4.43　《铝合金结构工程施工质量验收规范》（GB 50576-2010）

本规范适用于建筑工程的框架结构、空间网格结构、面板及幕墙等铝合金结构工程施工质量的验收。

[3]1.3.4.44　《城市轨道交通信号工程施工质量验收规范》（GB 50578-2010）

本规范适用于城市轨道交通信号工程施工质量的验收。本规范包括：总则；术语；基本规定；电缆线路；固定信号机；发车指示器及按钮装置；转辙设备；室内设备；防雷及接地；试车线设备；室外设备标识机硬面化；联锁；微机监测；列车自动防护；列车自动监控；列车自动运行；列车自动控制；单位工程观感质量。

[3]1.3.4.45　《铝母线焊接工程施工及验收规范》（GB 50586-2010）

本规范适用于铝电解系列铝母线焊接工程的施工及验收。本规范包括：总则；术语；

原材料；加工；现场安装；焊接；焊接质量；工程验收。

[3]**1.3.4.46** 《洁净室施工及验收规范》（GB 50591-2010）

本规范适用于新建和改建的、整体和装配的、固定和移动的洁净室及相关受控环境的施工及验收。本规范包括：总则；术语；建筑结构；建筑装饰；风系统；气体系统；水系统；化学物料供应系统；配电系统；自动控制系统；设备安装；消防系统；屏蔽设施；防静电设施；施工组织与管理；工程检验；验收。

[3]**1.3.4.47** 《建筑物防雷工程施工与质量验收规范》（GB 50601-2010）

本规范适用于新建、改建和扩建建筑物防雷工程的施工与质量验收。本规范包括：总则；术语；基本规定；接地装置分项工程；引下线分项工程；接闪器分项工程；等电位连接分项工程；屏蔽分项工程；综合布线分项工程；电涌保护器分项工程；工程质量验收；一般规定。

[3]**1.3.4.48** 《跨座式单轨交通施工及验收规范》（GB 50614-2010）

本规范适用于新建、扩建跨座式单轨交通工程的施工及验收。本规范包括：总则；术语；预应力混凝土轨道梁；其他类型轨道梁；墩柱与盖梁；道岔；供电；通信；信号；给水与排水；火灾自动报警系统；环境与设备监控系统；屏蔽门与安全门；线路防护；车辆基地设备。

[3]**1.3.4.49** 《建筑电气照明装置施工与验收规范》（GB 50617-2010）

本规程适用于工业与民用建筑物、构筑物中电气照明装置安装工程的施工与工程交接验收。本规范包括：总则；术语；基本规定；灯具；插座；开关；风扇；照明配电箱（板）；通电试运行及测量；工程交接验收。

[3]**1.3.4.50** 《住宅区和住宅建筑内通信设施工程验收规范》（GB 50624-2010）

本规范适用于新建住宅区地下通信管道和住宅建筑内通信设施工程及原有住宅和住宅区建筑通信设施的改、扩建工程的验收。本规范包括：总则；施工前准备；管道敷设；线缆敷设；设备安装检查；性能测试；工程验收。

[3]**1.3.4.51** 《钢管混凝土工程施工质量验收规范》（GB 50628-2010）

本规范适用于建设工程钢管混凝土工程施工质量的验收。本规范包括：总则；术语；基本规定；钢管混凝土分项工程质量验收和钢管混凝土子分部工程质量验收等。

[3]**1.3.4.52** 《无障碍设施施工验收及维护规范》（GB 50642-2011）

本规范适用于新建、改建和扩建的城市道路、建筑物、居住区、公园等场所的无障碍设施的施工验收和维护。

[3]1.3.4.53 《城市轨道交通地下工程建设风险管理规范》（GB 50652-2011）

本规范适用于城市轨道新建、改建与扩建的地下工程建设风险管理。本规范包括：总则；术语；基本规定；工程建设风险等级标准；规划阶段风险管理；可行性研究风险管理；勘察与设计风险管理；招标；投标与合同签订风险管理和施工风险管理。

[3]1.3.4.54 《钢筋混凝土筒仓施工与质量验收规范》（GB 50669-2011）

本规范适用储存散料，且平面形状为圆形或多边形的现浇钢筋混凝土筒仓、压缩空气混合粉料调匀仓的施工与质量验收。本规范包括：总则；术语；基本规定；基础工程；筒体工程；仓底及内部结构工程；仓顶工程；附属工程；季节性施工；职业健康安全与环境保护；工程质量验收等。

[3]1.3.4.55 《传染病医院建筑施工及验收规范》（GB 50686-2011）

本规范适用于新建、改建和扩建传染病医院建筑的施工和验收。本规范包括：总则；术语；基本规定；建筑；给水排水；采暖通风与空气调节；电气与智能化；医用气体；消防；工程检测；工程验收。

[3]1.3.4.56 《城市轨道交通综合监控系统工程施工与质量验收规范》（GB/T 50732-2011）

本规范适用于新建、改建和扩建的城市轨道交通综合监控系统工程的施工与质量验收。本规范包括：总则；术语；基本规定；施工安装及质量验收；系统调试；系统功能验收；系统性能验收；系统不间断运行测试；初步验收；竣工验收。

[3]1.3.4.57 《会议电视会场系统工程施工及验收规范》（GB 50793-2012）

本规范适用于新建、改建和扩建的会议电视会场系统工程的施工及验收。本规范包括：总则；术语；施工准备；施工；系统调试与试运行；检验和测量；验收。

[3]1.3.4.58 《家用燃气燃烧器具安装及验收规程》（CJJ 12-2013）

本规程包括：总则；术语；基本规定；燃具及相关设备的安装；质量验收。

[3]1.3.4.59 《城镇供热管网工程施工及验收规范》（CJJ 28-2004）

本规范适用于符合下列参数的城镇供热管网工程的施工及验收：工作压力 $P \leqslant 1.6\,MPa$、介质温度 $T \leqslant 350\,°C$ 的蒸汽管网；工作压力 $P \leqslant 2.5\,MPa$、介质温度 $T \leqslant 200\,°C$ 的热水管网。本规范包括：总则；工程测量；土建工程及地下穿越工程；焊接及检验；管道安装及检验；热力站；中继泵站及通用组装件安装；防腐和保温工作；试验；清洗及试运行；工程验收。

[3]1.3.4.60 《城镇燃气输配工程施工及验收规范》（CJJ 33-2005）

本规范适用于设计压力不大于 4.0 MPa 的城镇燃气输配工程新建、改建和扩建的施工及验收。本规范包括：总则；土方工程；管道；设备的装卸、运输和存放；钢质管道及管件的防腐；埋地钢管敷设；球墨铸铁敷设；聚乙烯和钢骨架聚乙烯复合管敷设；管道附件与设备安装；管道穿（跨）越；室外架空燃气管道的施工；燃气场站；试验与验收。

[3]**1.3.4.61** 《古建筑修建工程质量检验评定标准（北方地区）》（CJJ 39-91）

本标准主要适用于我国北方地区下列古建筑的整体或部分修建工程：官式古建筑和仿古建筑；近现代建筑中采用古建筑形式或作法的项目。地方作法中与官式作法差异较大者，可参照本标准有关条目执行。

[3]**1.3.4.62** 《热拌再生沥青混合料路面施工及验收规程》（CJJ 43-91）

本规程适用于热拌粗粒式、中粒式再生石油沥青混合料的制备与路面施工。本规程包括：总则；对基层的要求、原材料；沥青旧路翻挖；再生沥青混合料配比设计；再生沥青混合料的制备；路面施工；质量标准和检查验收。

[3]**1.3.4.63** 《古建筑修建工程质量检验评定标准（南方地区）》（CJJ 70-96）

本标准适用于南方地区下列建筑工程的质量检验和评定：各种古建筑的修缮、移建、迁建、重建、复建工程，简称古建筑修建工程；各种仿古建筑工程；近现代建筑中采用古建筑作法的项目。

[3]**1.3.4.64** 《城镇地道桥顶进施工及验收规程》（CJJ 74-99）

本规程包括：总则；术语；一般规定；顶进施工方法；顶进工艺设计；顶进施工；铁路线路加固；工程质量检查与验收。

[3]**1.3.4.65** 《城镇直埋供热管道工程技术规程》（CJJ/T 81-98）

本规程适用于供热介质温度小于或等于150°C、公称直径小于或等于DN 500 mm的钢制内管、保温层、保护外壳结合为一体的预制保温直埋热水管道。本规程包括：总则；术语和符号；管道的布置和敷设；管道受力计算与应力验算；固定墩设计；保温及保护壳；工程测量及土建工程；管道安装；工程验收。

[3]**1.3.4.66** 《城市绿化工程施工及验收规范》（CJJ/T 82-2012）

本规范包括：总则；术语；施工准备；绿化工程；园林附属工程；工程质量验收。

[3]**1.3.4.67** 《城市道路照明工程施工及验收规程》（CJJ 89-2012）

本规程适用于电压为10 kV及以下城市道路照明工程的施工及验收。本规程包括：总则；术语；变压器；箱式变电站；配电装置与控制；架空线路；电缆线路；安全保护；路灯安装。

[3]**1.3.4.68** 《城镇燃气室内工程施工与质量验收规范》（CJJ 94-2009）

本规范适用于供气压力小于或等于0.8 MPa（表压）的新建、扩建和改建的城镇居民住宅、商业用户、燃气锅炉房（不含锅炉本体）、实验室、工业企业（不含用气设备）等用户室内燃气管道和用气设备安装的施工与质量验收。本规范包括：总则；术语；基本规定；室内燃气管道安装及检验；燃气计量表安装及检验；家用、商业用及工业企业用燃具和用气设备的安装及检验；商业用燃气锅炉和冷热水机组燃气系统安装及检验；试验与验收等。

[3]1.3.4.69 《钢桁架质量标准》（JG 8-1999）

本标准规定了钢桁架结构制造的质量标准及技术要求。本标准适用于工业与民用建筑用角钢、T型钢、H型钢、槽钢以及钢板组焊成的平面钢桁架。本标准不适用于按规定要求进行疲劳计算的钢桁架。

[3]1.3.4.70 《钢桁架检验及验收标准》（JG 9-1999）

本标准规定了钢桁架结构的材料检验、工序检验和出厂检验的检验规则及检验方法。本标准适用于工业与民用建筑用角钢、T型钢、H型钢、槽钢以及钢板组焊成的钢桁架的质量检验规则及检验方法。

[3]1.3.4.71 《空间网格结构技术规程》（JGJ 7-2010）

本规程适用于主要以钢杆件组成的空间网格结构，包括网架、单层或双层网壳及立体桁架等结构的设计与施工。本规程包括：总则；术语和符号；基本规定；结构计算；杆件和节点的设计与构造、制作、安装与交验。

[3]1.3.4.72 《钢筋焊接及验收规程》（JGJ 18-2012）

本规程适用于一般工业与民用建筑工程混凝土结构中的钢筋焊接施工及质量检验与验收。本规程包括：总则；术语和符号；材料；钢筋焊接；质量检验与验收；焊工考试；焊接安全。

[3]1.3.4.73 《建筑涂饰工程施工及验收规程》（JGJ/T 29-2003）

本规程适用于在水泥砂浆抹灰基层、混合砂浆抹灰基层、混凝土基层、石膏板基层、黏土砖基层和旧涂层等基层上的涂饰工程施工及验收。本规程包括：总则；术语；基本规定；基层；材料；施工准备；施工；验收。

[3]1.3.4.74 《塑料门窗工程技术规程》（JGJ 103-2008）

本规程适用于未增塑聚氯乙烯（PVC-U）塑料门窗的设计、施工、验收及保养维修。

[3]1.3.4.75 《机械喷涂抹灰施工及验收规程》（JGJ/T 105-2011）

本规程适用于工业与民用房屋及一般构筑物的墙面、顶棚、屋面和楼地面等的机械喷涂抹灰施工。本规程包括：总则；机械设备；已完工程与设施的防护；砂浆制备；喷涂工艺；质量检查与验收；冬期抹灰施工；安全施工。

[3]1.3.4.76 《玻璃幕墙工程质量检验标准》（JGJ/T 139-2001）

本标准规定了吊挂式玻璃幕墙金属支承装置的要求、力学性能、试验方法、检验规则及标志、包装、储存和运输等。本标准适用于吊挂式玻璃幕墙的金属支承装置（吊夹）。

[3]**1.3.4.77** 《古建筑修建工程施工及验收规范》（JGJ 159-2008）

本规范适用于下列工程的施工与验收：各种古建筑修缮，移建（迁建），重建（复建）工程；各种仿古建筑的新建和修缮工程；近、现代建筑中采用古建筑做法的新建和修缮项目。本规范包括大木构架、砖石、屋面、彩画、雕塑、木装修等，对施工技术和验收标准、内容程序、质量管理和控制、结构安全及抽样测试都做了规定。

[3]**1.3.4.78** 《锚喷支护工程质量检测规程》（MT/T 5015-96）

本规程适用于煤矿井巷锚喷支护工程的质量检测，不适用于预应力锚索、钢纤维喷射混凝土、钢架支护和钢筋网的质量检测。其他矿山井巷、交通隧道、水工隧洞和各类硐室等地下工程锚喷支护的质量检测亦可参照使用。本规程包括：总则；喷射混凝土强度检测；喷射混凝土厚度检测；锚杆安装质量检测；锚杆抗拔力检测；工程规格；观感质量及喷射混凝土基础深度检测。

[3]**1.3.4.79** 《带肋钢筋挤压连接技术及验收规程》（YB 9250-93）

本规程适用于钢筋混凝土结构中钢筋挤压连接施工及质量检查验收。本规程包括：总则；名词术语；一般规定；材料；设备；挤压连接施工；接头的质量检查与验收等内容。

[3]**1.3.4.80** 《钢结构检测评定及加固技术规范》（YB 9257-96）

本规程适用于已有工业建（构）筑物钢结构在下列任一情况下的检测、评定、加固设计及施工与验收：因生产设备更新、工艺流程变革或生产规模扩大等，对厂房结构提出新的使用要求；各类事故及灾害导致结构损伤，需对其可靠性进行重新评定、恢复结构功能；长期使用或生产环境变化后，对原结构可靠性产生怀疑时；结构原设计或制造安装工程中遗留下较严重的缺陷，需鉴定其实际承载力；年久失修或使用年限已超过设计基准期；其他需对厂房钢结构进行可靠性鉴定的情况。

[3]**1.3.4.81** 《成都市地源热泵系统施工质量验收规程》（DBJ51/ 006-2012）

本规程适用于成都市以岩土体、地下水或地表水（包括江、河、湖水、城市工业废水与生活污水，下同）为低温热源，以水或添加防冻剂的水溶液为换热介质，采用蒸汽压缩循环式热泵技术进行空调制冷、空调制热或加热生活热水的系统工程施工质量的验收。本规程包括：总则；术语；基本规定；地埋管换热系统施工质量验收；地下水换热系统施工质量验收；地表水换热系统施工质量验收；热泵机房施工质量验收；监测与控制系统施工质量验收；系统调试与检测；竣工验收。

[3]**1.3.4.82** 《建筑工业化混凝土预制构件制作、安装及质量验收规程》（DBJ51/T 008 -2012）

本规程适用于四川省建筑工程中工业化混凝土预制构件的制作、安装及质量验收。本规程包括：总则；术语；基本规定；材料；构件制作；构件运输与安装；成品保护；生产质量保证；节能与环境保护；安全；质量验收。

[3]1.3.4.83 《振动（冲击）沉管灌注桩施工及验收规程》（DB51/ 93-2013）

本规程适用于四川省内建筑（包含构筑物）振动（冲击）沉管灌注桩的施工、检查与验收。

[3]1.3.4.84 《住宅供水"一户一表"设计、施工及验收技术规程》（DB51/T 5032-2005）

本规程适用于四川省新建、扩建、改建住宅"一户一表"的设计、施工及验收。

[3]1.3.4.85 《建筑节能工程施工质量验收规程》（DB51/ 5033-2014）

本规程适用于四川省新建、扩建和改建的民用建筑节能工程的施工质量验收。

[3]1.3.4.86 《CL结构工程施工质量验收规程》（DB51/T 5045-2007）

本规程适用于四川省非抗震设防区和8度（0.20 g）及以下抗震设防地区的住宅建筑和纵横墙较多的公共建筑。

[3]1.3.4.87 《高耸结构施工质量验收规范》

本规范适用于钢及混凝土高耸结构工程施工质量验收，包括广播电视塔、通信塔（构架式塔、单管塔、拉线杆塔）、微波塔、桅杆、烟囱等。对输电高塔、石油化工塔、风力发电塔、排气及火炬塔、照明灯杆塔、水塔等高耸结构工程也可参照使用。本规范包括：总则；术语和符号；基本规定；地基与基础工程；高耸钢结构工程；钢筋混凝土工程。

[3]1.3.4.88 《村镇住宅结构施工及验收规范》

本规范适用于镇、乡、村中自建的二层及二层以下住宅结构工程的施工及验收。本规范包括：总则；术语；基本规定；地基和基础；砌体结构；木结构；生土结构；石结构、混凝土结构及有关附录。

[3]1.3.4.89 《建筑工程绿色施工评价与验收规程》

在编四川省工程建设地方标准。

[3]1.3.4.90 《园区市政工程设计、施工工艺和验收规程》

在编四川省工程建设地方标准。

[3]1.3.4.91 《建筑边坡工程施工质量验收规范》

在编四川省工程建设地方标准。

[3]1.3.4.92 《优质工程质量评定标准》

待编四川省工程建设地方标准。随着社会经济的快速发展和市场经济体制改革的不断深化，人们对建筑物的质量要求不仅仅停留在结构安全、结构优质的基础上了，他们对建筑物的美观、实用、舒适性提出了更高的要求，这就让我们建筑行业面临一个问题：如何在结构优质的基础上，在以后的装饰施工、屋面施工及给排水等分部的施工中也造出一个使人们满意的建筑精品工程。目前，四川地区仅有一个《四川省结构优质工程评审标准》，该标准内条文仅针对优质结构的施工提出了要求及验收标准，而对以后的装饰、屋面及安装未有要求及说明，这显然已经不能满足人们对建筑物美观、实用、舒适性的要求了。随着建筑发展的趋势，以后精装修房屋将逐步普及，那么现在就需要一本能够在主体结构施工后创建优质工程的质量评定标准。目前有部分省份已经制定了有关标准，通过执行该标准，建筑物交付业主使用后质量投诉较之前大幅下降。由于建筑产品不同于工业生产产品，它具有不可重复性、不可替代性、生产周期长、投资巨大等特点，而衡量建筑产品质量优劣，定性的标准多，定量的少，质量评定存在不少随意性。工程在施工过程中，若有一套完整的质量评定体系，对每一个分项工程完工后，及时按优质工程的标准进行评判，让工程在每个施工环节均达到优质要求，那么最后完工的建筑产品必将是一个精品工程。在工程开工初期便以"优质"为目标进行"生产"，把握过程控制，对我省评选国家优质工程、鲁班奖工程都具有巨大的意义。因为我省日前已有《四川省结构优质工程评审标准》，故在结构部分的优质结构要求上主要参考原标准，做一些细部调整，装饰装修、建筑屋面、建筑节能、给排水、电气、智能建筑、通风与空调、电梯等分部优质验收为新增内容。

[3]1.3.4.93 《古建筑修理工程质量检验评定标准》

待编四川省工程建设地方标准。四川境内古建筑较多，需长期维修的处理以确保长久保存。古建筑的维修工作一直在做。古建筑的种类较多，如石结构、砖砌体结构、木架构等，目前仅有《古建筑木结构维修与加固技术规范》，没有专门针对其他结构类型的古建筑维修从设计、施工到检验方面一系列的标准指导古建筑维修。因此有必要编制古建筑维修从设计、施工到检验方面的系列规范。

[3]1.3.4.94 《桩基础设计与施工验收规范》

待编四川省工程建设地方标准。国家现有行业标准《桩基技术规范》（JGJ94-2008），各省有适应自身地域特点的桩基础设计与施工与验收规范。我省的预应力管桩基础已有其设计验收规范，其余桩，如越来越多的旋挖桩基础的设计和验收均选用行业标准，无适应四川特点的相应规范。

[3]1.3.5 建筑施工安全与环境卫生专用标准

[3]1.3.5.1 《安全帽》（GB 2811-2007）

本标准规定了职业用安全帽的技术要求、检验规则及其标识，适用于工作中通常使用的安全帽，附加的特殊技术性能仅适用于相应的特殊场所。

[3]1.3.5.2 《手持式电动工具的管理、使用、检查和维修安全技术规程》（GB/T 3787-2006）

本标准规定了手持式电动工具的管理、使用、检查和维修的安全技术要求。本标准适用于工具的管理、使用、检查和维修。

[3]1.3.5.3 《安全网》（GB 5752-2009）

本标准对安全网的质量要求进行了相关规定。

[3]1.3.5.4 《起重机 钢丝绳 保养、维护、安装、检验和报废》（GB/T 5972-2009）

本标准适用于：缆索及门式缆索起重机、悬臂起重机、甲板起重机、桅杆及牵索式桅杆起重机、斜撑式桅杆起重机、浮式起重机、流动式起重机、桥式起重机、门式起重机或半门式起重机、门座起重机或半门起重机、铁路起重机、塔式起重机。本标准对在起重机上使用的钢丝绳的保养、维护、安装和检验规定了详细的实施准则，而且列举了实用的报废标准，以促进安全使用起重机。本标准包括：范围；术语和定义；钢丝绳；钢丝绳的使用情况记录；与钢丝绳有关的设备情况；钢丝绳检验记录；钢丝绳的储存和鉴别。

[3]1.3.5.5 《起重机械安全规程》（GB/T 6067-2010）

本规程适用于桥式和门式起重机、流动式起重机、塔式起重机、臂架起重机、缆索起重机及轻小型起重设备。本规程规定了起重机械的设计、制造、安装、改造、维修、使用、报废、检查等方面的基本安全要求。本规程包括：范围；规范性引用文件；金属结构；机构及零部件；液压系统；电气；控制与操作系统；电气保护；安全防护装置；起重机械的标记标牌安全标志界限尺寸与净距；起重机械操作管理；人员的选择职责和基本要求；安全性；起重机械的选用；起重机的设置；安装与拆卸；起重机械的操作；检查试验维护与修理；起重机械使用状态的安全评估。

[3]1.3.5.6 《安全带》（GB 6095-2009）

本标准规定了安全带的分类和标记、技术要求、检验规则及标识。本标准适用于高处作业、攀登及悬吊作业中使用的安全带。本标准适用于体重及负重之和不大于 100 kg 的使用者。本标准不适用于体育运动、消防等用途的安全带。

[3]1.3.5.7 《电梯制造与安装安全规程》（GB 7588-2003）

本标准规定了乘客电梯、病床电梯及载货电梯制造与安装应遵守的安全准则，以防电梯运行时发生伤害乘客和损坏货物的事故。本标准适用于电力驱动的曳引式或强制式乘客电梯、病床电梯及载货电梯。本标准不适用于杂物电梯和液压电梯。

[3]1.3.5.8 《高处作业吊篮》（GB 19155-2003）

本标准规定了高处作业吊篮的定义、分类、技术要求、试验方法、检验规则、标志、包装、运输、储存及检查、维护和操作。本标准适用于各种形式的高处作业吊篮（以下简称吊篮）。

[3]1.3.5.9 《吊笼有垂直导向的人货两用施工升降机》（GB 26557-2011）

本标准适用于动力驱动的、临时安装的、由建设施工工地人员使用的带有吊笼并可在各层站停靠服务的施工升降机。本标准规定了吊笼有垂直导向的人货两用施工升降机制造和安装应遵守的技术和安全准则。本标准包括：范围；规范性引用文件；定义和术语；危险列表；安全要求和措施；验证；使用信息。

[3]1.3.5.10 《起重设备安装工程施工及验收规范》（GB 50278-2010）

本规范适用于电动葫芦、梁式起重机、桥式起重机、门式起重机和悬臂起重机安装工程的施工及验收。本规范包括：总则；基本规定；起重机械轨道和车挡；电动葫芦；梁式起重机；桥式起重机；门式起重机；悬臂起重机；起重机的试运转、工程验收。

[3]1.3.5.11 《岩土工程勘察安全规范》（GB 50585-2010）

本规范适用于标准内容所覆盖的范围。本规范包括：总则；术语和符号；基本规定；工程地质测绘和调查；勘探作业；特殊作业条件勘察；室内试验；原位测试与检测；工程物探；勘察设备；勘察用电和用电设备；防火、防雷、防爆、防毒、防尘和作业环境保护；勘察现场临时用房。

[3]1.3.5.12 《建设工程施工现场消防安全技术规范》（GB 50720-2011）

本规范适用于新建、改建和扩建等各类建设工程施工现场的防火。本规范包括：总则；术语；总平面布局；建筑防火；临时消防设施；防火管理。

[3]1.3.5.13 《建筑工程绿色施工规范》（GB/T 50905-2014）

本规范适用于建筑工程新建、改建、扩建及拆除等工程施工。本规范包括：总则；术语；基本规定；施工场地；土石方与地基工程；基础及主体工程；建筑装饰装修工程；屋面及防水工程；机电安装工程；拆除工程。

[3]1.3.5.14 《城镇排水管道维护安全技术规程》（CJJ 6-2009）

本规程适用于城镇排水管道及附属构筑物的维护安全作业。本规程规定了城镇排水管道及附属构筑物维护安全作业的基本技术要求。本规程包括：总则；术语；基本规定；维护作业；井下作业；防护设备与用品；事故应急救援。

[3]1.3.5.15 《环境卫生设施设置标准》（CJJ 27-2012）

本规范包括：总则；基本规定；环境卫生公共设施；环境卫生工程设施；其他环境卫生设施。

[3]1.3.5.16 《城镇燃气设施运行、维护和抢修安全技术规程》（CJJ 51-2006）

本规程适用于由设计压力不大于 4.0 MPa 城镇燃气管道及其附件、场站、调压计量设施、用户设施、用气设备和监控及数据采集系统等所组成的城镇燃气设施的运行、维护和抢修。本规程包括：总则；术语；运行与维护；抢修；生产作业；液化石油气设施的运行；维护和抢修；图档资料。

[3]1.3.5.17 《城镇供水厂运行、维护及安全技术规程》（CJJ 58-2009）

本规程适用于以地表水和地下水为水源的城镇供水厂。本标准包括：总则；水质监测；制水生产工艺；供水设施运行；供水设备运行；供水设施维护；供水设备维护；安全。

[3]1.3.5.18 《建筑机械使用安全技术规程》（JGJ 33-2012）

本规程适用于建筑安装、工业生产及维修企业中各种类型建筑机械的使用。本规范包括：总则、基本规定、动力与电气装置、起重机械与垂直运输机械、土石方机械、运输机械、桩工机械、混凝土机械、钢筋加工机械、木工机械、地下施工机械、焊接机械、其他中小型机械。

[3]1.3.5.19 《施工现场临时用电安全技术规范》（JGJ 46-2005）

本规范适用于新建、改建和扩建的工业与民用建筑和市政基础设施施工现场临时用电工程中的电源中性点直接接地的 220/380 V 三相四线制低压电力系统的设计、安装、使用、维修和拆除。本规范包括：总则；术语和代号；临时用电管理；外电线路及电气设备防护；接地与防雷；配电室及自备电源；配电线路；配电箱及开关箱；电动建筑机械和手持式电动工具；照明。

[3]1.3.5.20 《液压滑动模板施工安全技术规程》（JGJ 65-2013）

本规程适用于以液压滑模技术施工的混凝土工程，采用其他方式的滑模工程也应遵守本规程的有关规定。本规程包括：总则；术语；基本规定；施工现场；滑模装置制作与安装；垂直运输设备及装置；动力及照明用电；通信与信号；防雷；消防；滑模施工；滑模装置拆除。

[3]1.3.5.21 《建筑施工高处作业安全技术规范》（JGJ 80-91）

本规范适用于工业与民用房屋建筑及一般构筑物施工时，高处作业中临边、洞口、攀登、悬空、操作平台及交叉等项作业。本规范包括：总则；基本规定；临边与洞口作业的安全防护；攀登与悬空作业的安全防护；操作平台与交叉作业的安全防护；高处作业安全防护设施的验收。

[3]1.3.5.22 《龙门架及井架物料提升机安全技术规范》（JGJ 88-2010）

本规范适用于建筑工程和市政工程所使用的以卷扬机或曳引机为动力、吊笼沿导轨垂直运行的物料提升机的设计、制作、安装、拆除及使用。本规范包括：总则；术语；基本规定；结构设计与制作；动力与传动装置；安全装置与防护设施；电气；基础；附墙架；

缆风绳与地锚；安装；拆除与验收；检验规则与试验方法；使用管理。

[3]**1.3.5.23** 《建筑施工门式钢管脚手架安全技术规范》（JGJ 128-2010）

本规范适用于房屋建筑与市政工程施工中采用门式钢管脚手架搭设的落地式脚手架、悬挑脚手架、满堂脚手架与模板支架的设计、施工和使用。本规程包括：总则；术语和符号；构配件；荷载；设计计算；构造要求；搭设与拆除；检查与验收；安全管理。

[3]**1.3.5.24** 《建筑施工扣件式钢管脚手架安全技术规程》（JGJ 130-2011）

本规程适用于房屋建筑工程和市政工程等施工用落地式单、双排扣件式钢管脚手架、满堂扣件式钢管脚手架、型钢悬挑扣件式钢管脚手架、满堂扣件式钢管支撑架的设计、施工及验收。本规范包括：总则；术语和符号；构配件；荷载；设计计算；构造要求；施工；检验与验收；安全管理。

[3]**1.3.5.25** 《建筑拆除工程安全技术规范》（JGJ 147-2004）

本规范适用于工业与民用建筑、构筑物、市政基础设施、地下工程、房屋附属设施拆除的施工安全及管理。本规范包括：总则；一般规定；施工准备；安全施工管理；安全技术管理；文明施工管理。

[3]**1.3.5.26** 《施工现场机械设备检查技术规程》（JGJ 160-2008）

本规程适用于新建、改建和扩建的工业与民用建筑及市政基础设施施工现场使用的机械设备检查。本规程包括：总则；术语；动力设备及低压配电系统；土方及筑路机械；桩工机械；起重机械与垂直运输机械；混凝土机械；焊接机械；钢筋加工机械；木工机械及其他机械；装修机械；掘进机械。

[3]**1.3.5.27** 《建筑施工模板安全技术规范》（JGJ 162-2008）

本规范适用于建筑施工中现浇混凝土用工程模板体系的设计、制作、安装和拆除。本规范包括：总则；术语；符号；材料选用；荷载及变形值的规定；设计；模板安装构造；模板拆除；安全管理。

[3]**1.3.5.28** 《建筑施工木脚手架安全技术规范》（JGJ 164-2008）

本规范适用于工业与民用建筑一般多层房屋和构筑物施工用落地式的单、双排木脚手架的设计、施工、拆除和管理。本规范包括：总则；术语；符号；杆件；连墙件与连接件；荷载；设计计算；构造与搭设；脚手架拆除；安全管理。

[3]**1.3.5.29** 《建筑施工碗扣式钢管脚手架安全技术规范》（JGJ 166-2008）

本规范适用于工业与民用建筑工程施工中脚手架及模板支撑架的设计、施工和使用。本规范包括：总则；术语和符号；主要构配件和材料；荷载；设计计算；构造要求；搭设与拆除；检查与验收；安全管理与维护。

[3]1.3.5.30 《湿陷性黄土地区建筑基坑工程安全技术规程》（JGJ 167-2009）

本规程适用于湿陷性黄土地区建筑基坑工程的勘察、设计、施工、检测、监测与安全技术管理。本规程包括：总则；术语和符号；基本规定；基坑工程勘察；坡率法；土钉墙；水泥土墙；排桩；降水与土方工程；基槽工程；环境保护与监测；基坑工程验收；基坑工程的安全使用与维护。

[3]1.3.5.31 《建筑施工土石方工程安全技术规范》（JGJ 180-2009）

本规范适用于工业与民用建筑及一般构筑物土石方工程施工时的安全生产作业。本规范包括：总则；基本规定；三通一平；机械设备；土石方爆破；基坑工程；边坡工程、挖填方工程等。

[3]1.3.5.32 《液压升降整体脚手架安全技术规程》（JGJ 183-2009）

本规程适用于高层、超高层建（构）筑物不带外模板的千斤顶式或油缸式液压升降整体脚手架的设计、制作、安装、检验、使用、拆除和管理。本规程包括：总则；术语和符号；基本规定；架体结构；设计及计算；液压升降装置；安全装置；安装；升降；使用；拆除以及相关附录。

[3]1.3.5.33 《施工现场临时建筑物技术规范》（JGJ/T 188-2009）

本规范适用于建筑工程施工现场不超过 2 层的临时建筑物和围挡等构筑物的设计、制作、施工、验收、使用、维护和拆除。本规范包括：总则；术语和符号；基地与总平面；建筑设计；建筑安全；结构设计；建筑设备；制作；施工；竣工验收；使用与维护；拆除与回收。

[3]1.3.5.34 《建筑起重机械安全评估技术规程》（JGJ/T 189-2009）

本规程适用于建设工程使用的塔式起重机、施工升降机等建筑起重机械的安全评估。本规程包括：总则；术语；基本规定；评估内容和方法；评估判别；评估结论与报告；评估标识。

[3]1.3.5.35 《钢管满堂支架预压技术规程》（JGJ/T 194-2009）

本规程适用于建筑与市政工程中搭设钢管满堂支架现浇混凝土工程施工的支架基础与支架的预压。本规程包括：总则；术语；基本规定；支架基础预压；支架预压；预压监测；预压验收。

[3]1.3.5.36 《建筑施工塔式起重机安装、使用、拆卸安全技术规程》（JGJ 196-2010）

本规程适用于房屋建筑工程、市政工程所用塔式起重机的安装、使用和拆卸。本规程规定了塔式起重机的安装、使用和拆卸的基本技术要求。本规程包括：总则；基本规定；塔式起重机的安装；塔式起重机的使用；塔式起重机的拆卸；吊索具的使用。

[3]1.3.5.37 《建筑施工工具式脚手架安全技术规范》（JGJ 202-2010）

本规范适用于建筑施工中使用的工具式脚手架，包括附着式升降脚手架、高处作业吊篮、外挂防护架的设计、制作、安装、拆除、使用及安全管理。本规范包括：总则；术语和符号；构配件性能；附着式升降脚手架；高处作业吊篮；外挂防护架；管理；验收。

[3]1.3.5.38 《建筑施工升降机安装、使用、拆卸安全技术规程》（JGJ 215-2010）

本规程适用于房屋建筑工程、市政工程所用的齿轮齿条式、钢丝绳式人货两用施工升降机，不适用于电梯、矿井提升机、升降平台。本规程包括：总则；术语；施工升降机的安装；施工升降机的使用；施工升降机的拆卸。

[3]1.3.5.39 《建筑施工承插型盘扣式钢管支架安全技术规程》（JGJ 231-2010）

本规程适用于建筑工程和市政工程等施工中采用承插型盘扣式钢管支架搭设的模板支架和脚手架的设计、施工、验收和使用。本规程包括：总则；术语和符号；主要构配件的材质及制作质量要求；荷载；结构设计计算、构造要求；搭设与拆除；检查与验收；安全管理与维护。

[3]1.3.5.40 《建筑施工竹脚手架安全技术规范》（JGJ 254-2011）

本规范适用于工业与民用建筑施工中竹脚手架的搭设和使用。本规范规定了以竹竿为主要材料，采用竹篾、铁丝和塑料篾绑扎的竹脚手架搭设和使用的安全技术要求。本规范包括：总则；术语和符号；基本规定；材料；构造与搭设；检查与验收；拆除；安全管理。

[3]1.3.5.41 《市政架桥机安全使用技术规程》（JGJ 266-2011）

本规程包括：总则；术语；基本规定；架桥机的安装与拆卸；检查与验收；架桥机的使用。

[3]1.3.5.42 《建筑施工起重吊装作业安全技术规程》（JGJ 276-2012）

本规范适用于工业与民用建筑施工中的起重吊装作业。本规范包括：总则；术语与符号；起重吊装的一般规定；起重机械和索具设备；钢筋混凝土结构吊装；钢结构吊装；特种结构吊装；建筑设备安装。

[3]1.3.5.43 《建筑工程施工现场视频监控技术规范》（JGJ/T 292-2012）

本规范适用于建筑工程施工现场视频监控系统的设计、安装调试、验收以及维护保养，其他领域的视频监控系统可参照试用。本规范包括：总则；术语和符号；基本规定；捕影部分的设计和实施；传输部分的设计与实施；信息处理与显示部分的设计与实施；视频监控系统的测试；系统的维护保养。

[3]1.3.5.44 《建筑临时支撑结构安全技术规范》（JGJ 300-2013）

本规范包括：总则；术语、符号；基本规定；结构设计计算；构造要求；特殊支撑结构；施工；监测等。

[3]1.3.5.45 《建筑深基坑工程施工安全技术规范》（JGJ 311-2013）

本规范适用于建筑深基坑工程的现场勘察和环境调查、设计、施工、风险分析及基坑工程安全监测、基坑的安全使用和维护管理。

[3]1.3.5.46 《定型钢跳板技术规程》（YBJ 211-88）

本规程一般适用于工业与民用建筑安装工程等施工中各种脚手架上的钢跳板。本规程包括：总则；钢跳板的施工荷载及形式；钢跳板的质量验收要求；钢跳板的安装、使用及拆除；钢跳板的安全措施；钢跳板的维护与管理。

[3]1.3.5.47 《旋挖成孔灌注桩施工安全技术规程》（DBJ51/T 022-2013）

本规程适用于四川省房屋建筑与市政基础设施工程旋挖成孔灌注桩施工。

[3]1.3.5.48 《建筑施工塔式起重机及施工升降机报废标准》（DBJ51/T 026-2014）

本标准适用于四川省建筑施工用塔式起重机、施工升降机的报废管理。

[3]1.3.5.49 《既有玻璃幕墙安全使用性能检测鉴定技术规程》（DB51/T 5068-2010）

本规程适用于四川省境内的既有玻璃幕墙安全性能的检测鉴定。玻璃雨篷、玻璃采光顶、石材及金属幕墙的安全使用性能检测鉴定标准未颁发前可参照本规程执行。本规程包括：总则；术语及符号；基本规定；玻璃幕墙材料的检测；玻璃幕墙结构的现场检查、检测、玻璃幕墙结构承载能力验算；鉴定等级。

[3]1.3.5.50 《成都地区基坑工程安全技术规范》（DB51/T 5072-2011）

本规范适用于成都市行政区域内建筑基坑工程的勘察、设计、施工、检测、监测、安全控制和周边保护。本规范包括：总则；术语和符号；基本规定；基坑勘察与环境评估；基坑支护结构设计；基坑开挖与支护结构施工；地下水控制设计与施工；基坑支护结构质量检测；基坑工程监测；基坑工程周边保护与加固处理和基坑工程安全与移交。

[3]1.3.5.51 《建筑工程现场安全文明施工标准化技术规程》

在编四川省工程建设地方标准。

[3]1.3.5.52 《城市道路排水工程施工安全技术规程》

在编四川省工程建设地方标准。

[3]1.3.5.53 《建设工程扬尘污染防治规范》

待编四川省工程建设地方标准。随着雾霾天气的频繁出现，大气环境日益恶化，而造成这种结果的原因之一就是建设施工场地产生的大量扬尘。近年来，成都市正处于大量基础设施建设的高峰，粗放施工造成大量的扬尘，比如物料堆场遮盖不够完整、严密，不洒水润湿等。针对目前的这种情况，急需一本指导施工现场扬尘防治的技术规范，让施工企业按照规范要求进行扬尘治理，降低施工扬尘对大气环境的影响。目前，四川地区还未编制建设工程扬尘污染防治规范，施工现场的扬尘防治均无统一标准，仅按照《成都市城市扬尘污染防治管理暂行规定》执行。若四川有专门针对本地区的建设工地施工现场的扬尘污染防治规范，将进一步规范施工现场的扬尘防治措施，也为有关部门的监督检查提供有效的技术支撑。该规范主要是对施工现场的扬尘污染防治、拆除工程扬尘污染防治、建筑垃圾运输作业污染污染防治进行具体的规定和要求，使整个施工场地的扬尘治理规范化、标准化。该规范的编制及执行，将大大改善成都的大气环境，一个城市，空气质量的好坏是衡量其是否宜居的重要指标，其背后则暗含这个城市的投资潜力、发展速度和文明程度。这也利于将成都打造成更加优美、更加健康、更加宜居的现代都市。四川省建筑工程施工在标准化工地的创建方面已有丰富的经验，这对编制《建设工程扬尘污染防治规范》提供了实践基础。现在，四川地区编制《建设工程扬尘污染防治规范》是做好绿色施工的重要举措，也将降低越来越严重的雾霾天气影响，是一件有关民生的大事。

[3]**1.3.5.54** 《外墙外保温工程施工防火安全技术规程》

待编四川省工程建设地方标准。近年来，由于央视和上海教师公寓外墙保温火灾后，国务院发布了《关于加强和改进消防工作的意见》（国发〔2011〕46号），公安部和住房和城乡建设部先后发布文件，要求外墙外保温工程应加强施工过程的监管，并采用防火性能好的保温材料。因此外墙外保温工程在施工过程中如何做好防火安全问题，是一项非常重要的急需解决的问题，针对四川省外保温系统特点，结合国家公安部和住建部有关防火要求，编制该地方标准是非常有必要的。

[3]**1.3.5.55** 《建筑施工承插型钢管支模架安全技术规程》

待编四川省工程建设地方标准。目前，适用于各类钢管脚手架的行业标准主要有《建筑施工模板安全技术规范》（JGJ162）、《建筑施工碗扣式钢管脚手架安全技术规范》（JGJ166）、《建筑施工门式钢管脚手架安全技术规范》（JGJ128）、《建筑施工扣件式钢管脚手架安全技术规范》（JGJ130）、《建筑施工承插型盘扣式钢管支架安全技术规范》（JGJ231）。但这些标准中所涉及的支架类型尤其是节点构造与在四川范围内使用的承插型钢管支模架有很大的不同，由此导致各类架体的整体稳定性、强度、刚度等的计算完全不同。目前盘销式和插槽式这两种建筑施工常用的承插型钢管支模架尚无标准可依，施工单位在设计此类支模架时只能借用上述所列的若干现行的行业标准，导致设计无依据，计算不准确，构造偏弱，支架的安全性能得不到保证。为促进承插型钢管支模架的应用，确保工程安全，做到技术先进、经济合理、安全适用，有必要编制专门的安全技术标准，规范其在设计、施工与验收中的要求。《建筑施工承插型钢管支模架安全技术规范》旨在规范我省建筑施工承插型钢管支模架的应用，对建筑施工承插型钢管支模架的主要构件材质及质量要求、荷载、结构设计计算、构造要求、搭设与拆除、检查与验收、安全管理与维护作出统一规定，以提高建筑施工承插型钢管支模架的安全性，保障工程质量，该规程的编制发布将完善我省工程建设标准体系，为建筑施工承插型钢管支模架的推广应用提供有力的技术支撑。

[3]1.3.6 建筑施工评价与管理专用标准

[3]1.3.6.1 《建设项目工程总承包管理规范》（GB/T 50358-2005）

本规范适用于新建、扩建、改建等建设项目，在合同签订后，工程总承包企业对工程总承包项目的管理。本规范是规范建设项目工程总承包管理行为，确定工程总承包企业内部项目管理的职能，考核测评工程总承包项目管理绩效的基本依据。本规范包括：总则；术语；工程总承包管理的内容与程序；工程总承包管理的组织；项目策划；项目设计管理；项目采购管理；项目施工管理；项目试运行管理；项目进度管理；项目质量管理；项目费用管理；安全、职业健康与环境保护管理；项目资源管理；项目沟通与信息管理；项目合同管理。

[3]1.3.6.2 《城市轨道交通建设项目管理规范》（GB 50722-2011）

本规范适用于城市轨道交通工程新建、改建、扩建等项目的建设管理。本标准包括：总则；术语；基本规定；项目组织管理；合同管理；勘测设计管理；投资管理；质量管理；技术管理；采购管理；进度管理；施工监理管理；施工管理；工程安全管理；建设风险管理；接口管理；信息管理；系统联调和试运行管理；验收及移交管理。本规范是城市轨道交通工程项目管理行为的基本依据，内容包括：工程建设管理模式、工程实施计划及建设过程管理、工程招标及采购管理、工程勘察设计管理、工程质量管理、工程合同与费用管理、工程环境与保护管理、工程建设风险管理、工程系统接口管理及联调等。

[3]1.3.6.3 《民用建筑室内热湿环境评价标准》（GB/T 50785-2012）

本标准适用的建筑类型主要为居住建筑和公共建筑中的办公、教室、商场、宾馆，其他类型建筑的评价参照执行。本标准主要内容适用于健康成年人，其他人群应根据实际情况参照执行。采用本标准进行评价时，还需参照有关国家标准规定。

[3]1.3.6.4 《城市生活垃圾分类及其评价标准》（CJJ/T 102-2004）

本标准适用于城市生活垃圾的分类、投放、收运和分类评价。城市生活垃圾中的建筑垃圾不适用于本标准。

[3]1.3.6.5 《城市道路清扫保洁质量和评价标准》（CJJ/T 126-2008）

本标准适用于城市道路及广场清扫保洁作业和质量评价。本标准包括：总则；术语；

道路清扫保洁等级；道路清扫保洁作业的一般要求；道路清扫保洁质量要求；道路清扫保洁质量评价。

[3]**1.3.6.6** 《建筑施工企业管理基础数据标准》（JGJ/T 204-2010）

本标准适用于建筑施工企业在管理过程中的基础数据标识、分类、编码、存储、检索、交换、共享和集成等数据处理工作。本标准包括：总则；术语；数据元分类；数据元描述；数据元标识符；数据元集。

[3]**1.3.6.7** 《建筑施工企业信息化评价标准》（JGJ/T 272-2012）

本标准适用于建筑施工企业信息化水平的综合评价。本标准规定了建筑施工企业信息化的评价范围、评价指标、评价方式、评价组织、评价程序和评价原则。

[3]**1.3.6.8** 《成都市地源热泵系统性能工程评价标准》（DBJ51/T 007-2012）

本标准适用于成都市以岩土体、地下水、地表水为低温热源，以水或添加防冻剂的水溶液为传热介质，采用蒸汽压缩泵技术进行供热、空调或加热生活热水的系统性能检测及工程评价。本标准主要包括：总则；术语和符号；基本规定；地源热泵系统性能指标；地源热泵系统性能检测方法；性能评价。

[3]**1.3.6.9** 《成都市地源热泵系统运行管理规程》（DBJ51/T 011-2012）

本规程适用于成都地区应用地源热泵系统的运行管理。涉及地源热泵系统运行环节的有关企业管理规定和措施、技术文件和合同文件的技术条款要求均应严格执行本规程的规定。

[3]**1.3.6.10** 《民用建筑太阳能热水系统评价标准》

在编四川省工程建设地方标准。

[3]**1.3.6.11** 《四川省预拌混凝土生产企业质量管理规程》

待编四川省工程建设地方标准。目前，我省相对有实力的大的混凝土公司基本上已经建立了内部质量管理体系，大部分小型混凝土生产企业由于成本投入问题，质量体系建设工作滞后或没有建立质量管理体系，而且，由于人工成本的问题，不少企业已经建立的质量管理体系没有真正加以落实执行。随着我省基础建设的大规模开展，混凝土的需求量随建设规模而增大，由于预拌混凝土生产投入的资本量不大，因此混凝土企业数量空前增多，与此同时也带来质量的参差不齐。工程基础建设作为百年工程，必须通过施工质量加以保证，必须对施工过程的每一个环节建立质量溯源体系，尤其是施工中涉及的主要原材料—预拌混凝土。目前在上海、福建、江苏等省市都已经建立了《预拌混凝土生产企业质量管理规程》，并要求混凝土企业严格执行，强化企业的质量意识，明确企业质量职责，并要求企业进行不间断的监督自查。

这几年，我国的信息化技术取得了突飞猛进的发展，旧的质量管理体系主要偏重于内部质量管理和质量溯源，没有与现有的信息化技术进行搭接，从而使质量监管部门和施工单位难以对预拌混凝土企业的生产进行有效的、及时的了解和追踪。因此，为了更好地对我省辖区内取得建筑业企业预拌商品混凝土专业承包资质的预拌混凝土生产企业的监管效果，应制定《四川省预拌混凝土生产企业质量管理规程》，主要就以下内容进行详细规定：① 要求企业应强化质量意识，严格执行现有的相关准则，建立健全质量管理体系，制定可行的质量管理体系文件，并确保有效运行，实行质量否决权。② 建立健全质量监管机构，配备相关的人员和办公设施。③ 明确质量职责，加强公司流程管控的信息化，实现数字化监控。④ 加强设备的检修计量工作，扩大生产的自动化程度，减少人为因素对生产质量的干扰。⑤ 加强原材料的管控，以数字化代替传单的技术资料的传递方式，使原材料档案实现输入及存档，减少人为传递造成的误差，保证生产的质量；加强电子档案管理、实现质量追溯的快速便捷化。⑥ 建立外部信息快速查询，形成便于施工单位、建设单位、质量监管单位的快速质量追溯的监管查询体系。基于保证施工建设的质量保证要求，在其他省市已有的预拌混凝土生产企业质量管理规程的基础上，制定《四川省预拌混凝土生产企业质量管理规程》。

[3]1.3.6.12　《建筑玻璃幕墙管理办法》

待编四川省工程建设地方标准。我省尚无建筑玻璃幕墙管理办法。制定该办法可对幕墙相关的行政管理部门、建设单位、设计单位、审图单位、施工单位、监理单位、使用单位进行明确的责任划分和管理办法，目的是严格保证幕墙工程从立项到施工和交付使用及资料的完善各个环节的可连续性和监督功能。通过制定该办法，也可以统一全省建筑玻璃幕墙的技术要求。一方面可以加强施工过程中材料的检测项目的实施，另一方面可对后期的检查、维修和鉴定提供明确的管理办法。

[3]1.3.7　建筑施工档案管理专用标准

[3]1.3.7.1　《城市轨道交通工程档案整理标准》（CJJ/T 180-2012）

本标准适用于新建、扩建、改建城市轨道交通工程档案的整理、验收和报送。本标准包括：总则；术语；基本规定；工程文件的归档范围及内容；工程文件的归档质量及组卷；工程文件的归档；工程档案的著录。

[3]1.3.8　建筑模数协调专用标准

[3]1.3.8.1　《厂房建筑模数协调标准》（GB/T 50006-2010）

本标准适用于下列情况：设计装配式或部分装配式的钢筋混凝土结构、钢结构及钢筋混凝土与钢的混合结构厂房；厂房建筑设计中相关专业之间的尺寸协调；编制厂房建筑构配件通用设计图集。本标准包括：总则；术语；基本规定；设置原则、位置和方式；使用空间及建筑设计要求；信报箱安装与验收。

[3]**1.3.8.2** 《住宅卫生间模数协调标准》（JGJ/T 263-2012）

本标准适用于住宅卫生间及其相关家具、设备、设施的设计和安装。本标准包括：总则；术语；卫生间空间尺寸；卫生间部件和公差；卫生间设备、设施及接口。